别在吃苦的年龄选择安逸

孙永辉 / 编著

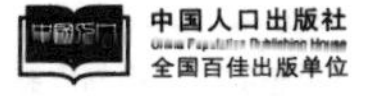
中国人口出版社
China Population Publishing House
全国百佳出版单位

图书在版编目（CIP）数据

别在吃苦的年龄选择安逸 / 孙永辉编著 . -- 北京：中国人口出版社，2022. 6

ISBN 978-7-5101-7337-0

Ⅰ . ①别… Ⅱ . ①孙… Ⅲ . ①成功心理－通俗读物 Ⅳ . ① B848.4-49

中国版本图书馆 CIP 数据核字（2020）第 201975 号

别在吃苦的年龄选择安逸

BIEZAI CHIKU DE NIANLING XUANZE ANYI

孙永辉　编著

责任编辑　魏志国
责任印制　林　鑫
出版发行　中国人口出版社
印　　刷　三河市燕春印务有限公司
开　　本　710 毫米 ×1000 毫米　1/32
印　　张　4.5
字　　数　95 千字
版　　次　2022 年 6 月第 1 版
印　　次　2022 年 6 月第 1 次印刷
书　　号　978-7-5101-7337-0
定　　价　19.80 元

网　　址　www.rkcbs.com.cn
电子信箱　rkcbs@126.com
总编室电话　（010）83519392
发行部电话　（010）83530809
传　　真　（010）83519401
地　　址　北京市西城区广安门南街 80 号中加大厦
邮政编码　100054

前言

PREFACE

奋斗是年轻的主题，年轻是理想的载体。但现在好多人都忽略了这一点，每一天都浑浑噩噩、庸庸碌碌地活着，在最该吃苦的年纪，他们选择了安逸，那么未来便不可期。很多人羡慕成功人士的无限风光，甚至嫉妒富二代奢侈、富足的生活，每天幻想着自己能拥有安逸而不用辛苦奋斗的滋润生活。

你还那么年轻，在那么耀眼的年纪里，你不去冒险，不去拼一份奖学金，不去挑战工作中的未知，不去为未来打拼，而是一边刷着朋友圈，逛着购物网站，一边畅想一毕业就拥有一份高薪职位，一进公司就会得到上司的赏识升职加薪。幻想总是很丰满，现实总是很骨干。当你寻觅一份高薪稳定又不要加班的工作时，要知道，“从来没有一种工作叫钱多、事少、离家近”。付出多少，才会获得多少。那些成功人士的确是耀眼夺目，但他们背后付出的辛苦、经历的挫折，却鲜有人看到。

最珍贵的从来不是财富，而是努力拼搏后获得的自信与成功。千万别在最该吃苦的年纪，选择了安逸。趁你现在年轻，有激情，有魄力，有失败的资本，放手搏一把，让人生从此与众不同。

青春是一个人一生当中最炫彩的一段时光，充满激情、彷徨、拼搏、茫然……亦是决定一个人未来发展的关键几年。如果此时你选择安逸，未来你只好用辛苦、挫败来偿还。如果你努力打拼，收获的一定是充实的成就感和幸福感。

要知道，成功的路上会有无数障碍和困难，只要有一个问题不解决，就很可能前功尽弃。浮躁不仅会让人急功近利，而且容易让人走向迷途。

别在最该吃苦的年纪选择安逸，生命不会重来，要过就过自己内心最渴望的那种生活。这是一本让年轻人找到方向和力量的图书，告诉读者该如何在年轻时奋斗，打造属于自己的未来，但是不以空洞的激励为主，而是贴近生活，引起读者共鸣。不管我们愿不愿意承认，这个世界永远都在改变，也许明天的社会，就不再适用你我熟悉的生存法则，如果我们仍然用原来的知识和经验去适应全新的竞争格局，那只会让我们活在自我的世界中止步不前。年轻人就要勇敢做自己，轰轰烈烈活得彻底，在跌跌撞撞中遇见真理——生活本身已够残酷，就让我们将春天还给大地，不畏艰辛砥砺前行，将人生还给自己。

目录 CONTENTS

第1章

青春就是拼了命，尽了兴

迎难而上，留点期待给自己

无论生活如何，我们总得抬着头往前走。高楼再灰暗，但总会有阳光穿透过来。那些光，会把失意的生活变成诗意的希望。

3年前，我在咖啡馆里遇见一个头发银白的外国老太太。她叫特瑞丝，来自新奥尔良。特瑞丝说自己退休以后就在外面旅行，我想，她的旅行一定是去欧洲小镇度假或海岛悠闲地晒着阳光浴。

老了退休了不正是需要这样的日子吗？安逸而清闲，在阴凉的庭院里拾花弄草，喝着下午茶，听着音乐，看年轻时没有时间看的书。如果旅行也不至于太折腾自己才对。可是当她拿出自己的旅行风景照时让我大跌眼镜。

她去的地方大多是沙漠、高原、原始森林，照片里尽是黄沙、悬崖和苍凉。她站在撒哈拉的沙漠上，身后是一轮通红的沙漠落日，她的银发在照片里闪光。在亚马孙的雨林里，她手里提着半人高的不知名的鱼笑得很开心。

哪里有什么海岛、沙滩、小镇别墅？

我一时惊叹，脱口说：“您这么大的年纪还能去这样的地方？”

她笑了笑，一本正经地对我说，年纪和生活的状态没有必然的关系。

的确，没有人逼她走向荒漠，是她自己寻着去的，不是为了证明什么，只是她觉得自己还可以走，还可以到处看一看，于是就背起包走了。

特瑞丝说，她一直就想当个旅行家，年轻的时候因为工作的关系没有机会，但现在不用工作，有机会了，就开始实现一直以来的梦想。

她说，不管从什么时候开始，只要迈出了脚步就为时不晚。

一个满头银发的老太太还在为了理想上路，我们又有什么资格不努力。努力其实并不那么难，只需要闭上找借口的嘴，从外界的诱惑中收回目光，从浮躁和五分钟热度中沉淀下来，然后给自己一个信仰，相信总有一天你会成为你想要成为的那个人。因为心中有念想的人即便走得慢一些，即便最后走不到终点，也总不会迷茫。

你要相信，自己的肩膀总有一天可以承担未来，这样，在幸福降临时，你才有能量来迎接它。

你要相信，那些爱过的人，受过的伤，错过的桥都是必要的，它们把你变成这个世界上最独特的人。

你要相信，那些最难到达的地方，那些需要一直奋斗才可获得的事物，才最值得花时间坚持和等待。

你要相信，最难办到的事有时候是最好的事。

你要相信，对自己坚持的事情热忱，美好的事情就会慢慢降临。

你要相信，生命最精彩的地方永远是自己成就的，而不是靠别人取得。

邻居是一个相貌并不出众的姑娘。她家境并不富裕，同一件褪色的粉色棉衣穿了整整一个冬季，却一直干净整洁。19 岁那年，她和我一起考上大学，她的父亲给了她 1 万块钱，说这是家里全部的积蓄，今后的一切需要她自己来扛。以我那时的眼界来看，这真是人生最痛苦的事，那些钱如果不算生活费的话，只够一学年的学费。

在我的印象里，她一直是一副怯怯的表情，见到陌生人总是不知所措的样子。可就是这样的姑娘，学校报到的第二天就开始打听兼职打工的活儿，第三天也不知从哪里找到了发传单的活儿，向表情木然的行人一次次伸出热切的手，又一次次被拒绝。我不知道当时她是用什么说服自己克服了自卑与恐惧，才能把这些事情一直坚持到第一个学年结束。

这一个学年她打了 3 份工以贴补每月的生活费，没有落下一门功课，学期末还拿到了校级的奖学金，第二学年的学费有了着落。

第二学年，学校的功课重了起来，可是四六级考试，各种证书，以及最后学年的奖学金依然属于她，兼职打工她也一刻没有停下。偶然在校园里遇见她，只觉得她似乎每一分钟都在计算着下一分钟要做些什么，仿佛一停下她的生活就会崩溃。

她曾经话很少，但渐渐地变得开朗起来，谈吐也落落大方，还参加了学校里最大的实践社团，比谁都热衷于参加社团活动。大三那年她会化一点淡淡的妆，成了班级里最早找到实习工作的人。大四那年大家都在为工作焦头烂额的时候，她从容地进了一家广告公司做策划。

毕业典礼那天，她作为优秀毕业生代表发言。她说，父亲拿出 1 万块钱说这是 4 年全部的学费和生活费时，她就告诉自己绝不能让自己的人生止于此。因此这 4 年她规定自己每一天都要有成长，每一天都要有收获。因为她不想以后成为为钱发愁的人，不想一辈子辛苦，她想出类拔萃，想优秀到可以做自己想做的事。她有梦想，所以一直努力，一直坚持。

有些人把自己的生活过成了一条河，一直不断向前奔，遇到转弯的地方就变成泥沙沉淀下来，永远无法到达海洋。其实遇到转弯我们需要的不过是一点坚持，一点希望。

电影《肖申克的救赎》里被判终身监禁的瑞德说，希望是世界上最美好的东西，是人间至善所在。在那所高墙里，所有的异动都无法存在，只有希望不灭。

其实希望一直在我们心里，当我们遇到生活的不公，也许一颗怀抱着希望的平常心能让我们在黑暗里从容地找到通往前方的大路。

表舅家的小姑娘，24 岁，在一家外资公司任职。表舅家世代都是农民，表舅妈在小姑娘 3 岁的时候摔伤了脊柱，再也没能下床。小姑娘为早点给家里经济上一些支持，毕业时推掉了导师推荐保研的机会，进了现在的公司。这个没有任何销售经验，性格内向的农村姑娘硬是在公司里上演了一出现实版的杜拉拉升职记。

她并不是没有绝望过，放弃研究生机会的时候，来到人生地不熟的大城市的时候，销售方案被否定的时候，和公司同事的偏见对抗的时候，被人际间的钩心斗角伤害的时候，一个月里没有一笔订单的时候，每次想到家里，想到父母的时候，她都觉得生命艰难而孤独。可是她最终还是撑了下来，笑脸迎人，同事下班了，她还在给客户打电话。为做一个出色的营销策划案，她加班到深夜，直到保安拉了整层楼的电闸赶她走。她说自己一定能成为一个出色的销售，一定可以做出最好的营销策划案。

小姑娘独自在外，没有人帮，但每一个真正扛得起生活重担的人都是自己一个人咬牙挺过来。挺过来了就一切都不一样了。无论生活如何，我们总得抬着头往前走。高楼再灰暗，但总会有阳光穿透过来。那些光，会把失意的生活变成诗意的希望。

一切的知识都是徒然的，除非你有了希望。因为这点念想，我们就有勇气咬牙蜕变，所有的不安也将在这样的念想里落了地。就像《永不妥协》里的单身母亲一样，没有工作，没有存款，在最倒霉的时候只有更倒霉的事情找上门，但生活只要有一线希望她就不会妥协。所以对自己说，在最困难的时候也要坚强地对待生活，认真地对待自己。不怨天尤人，不歇斯底里。告诉自己可以哭，可以弯下腰去把尊严放下，但即使自尊被踩碎也要重新站起来继续出发，永不妥协。

要相信努力的意义，相信无论生活多么艰难，美好的东西都不会消失，太阳会照常升起，无论过去还是将来，一切苦痛都会过去。

努力活成自己喜欢的样子

寻找自己，坚定地成为自己，不论走到何方，都往前探索自己的路。若是鱼儿，就游在水中；若是马儿，就奔跑在草原上。

上大学时，睡在我下铺的女孩是闻名全系的“强迫症女孩”，热衷于为自己制订各种计划，作息计划、学习计划、读书计划、运动计划……她的床头，永远贴着写得密密麻麻的计划表。

早上起床的时间必须精确到秒，洗漱的时间严格控制，要掐着表完成，吃早餐、喝咖啡的时间不能多一分，也不能少一分，说好学习一个钟头，就绝对是一个钟头，哪怕捧着书什么也没看进去，也决不做其他事，计划好要去操场跑步，哪怕下雨，也绝对不去室内网球场打球。

在她的计划表里，没有娱乐，不允许任何享受。

你若问她目标是什么。她会很明确地告诉你，成为更优秀的人。

若你继续追问，怎样才是更优秀的人？她会回你一个白眼，一副“这还用说”的表情。

如此严苛的计划，如此不靠谱的目标，当然很难实现，所以每天我们都能看到她打破计划之后沮丧焦虑的样子。

冬天的早上会赖床，偶尔会失眠，导致白天上课的时候打瞌睡，有些事情超出预计的时间，导致没空运动——对我们来说这些都是常事，对她而言却是天大的变故，她总是骂自己，怎么可以连这点意志力都没有？怎么可以浪费时间浪费生命？骂完之后，又将下一次的计划制订得更严格，然后陷入新一轮沮丧焦虑的循环。

大学四年，她几乎就在这样的恶性循环中度过，直到大四，终于精神崩溃。

我一直记得那一幕。

那天早上，她照常起床，洗漱，吃早餐喝咖啡，当时，她正在做毕业论文，却被导师批评观点太老旧，于是她打算去资料室找一些与毕业论文相关的最新资料，补一补。就在她掐着表准备出门时，另一位室友开玩笑地帮她倒计时：5、4、3、2、1，好啦，时间到，该出门啦。

她却站在那里，半天不动。室友觉得奇怪，忙过去看她。忽然，她毫无预兆地大叫一声，瘫坐在地上，开始是喃喃自语，然后又手舞足蹈，放声大笑，眼泪却哗啦啦流了满脸。我们劝不住，只好叫来辅导员，把她送到校医院。

在医院，她的情绪慢慢稳定下来，我们都以为这件事就这样结束了，以为她只是因为毕业论文没做好，压力过大，才突然情绪爆发。

谁知这只是开始。

回到宿舍，她不知用了什么方法，居然从宿管处那里申请到一间空置的寝室，独自搬了进去，从此把自己关在那里，足不出户。去敲门，她也会应答，却不肯开门，总是说自己忙着做论文，没时间。

我们担心她这样下去会很危险，和老师商量后，终于通知了她的父母。最后，她被父母接回了家。

父母帮她收拾行李时，瘦了一圈的她站在一旁，双眼无神。

没有看我们一眼，也没有告别。

那段时间，寝室的几个人都很难过。

这四年来，我们眼见着她对自己强加逼迫，眼见她沮丧焦虑，却从不曾放在心上，只当笑话看，满不在乎地调侃她。

谁也没有料到事情会变成这样。

那时我们还太年轻，不知道人真的会被自己逼迫到崩溃的地步。

重新见到她，是在两年后。

她在医院和家里休养了很久，才终于恢复正常，开始出来工作。

工作虽然是父亲为她安排的，但总算做得顺利，而她也终于可以平静地回忆起过去的时光。

只可惜回忆里，是漫无边际的灰暗。

电影《致青春》上映时，她曾和我一起去看，缩在电影院的座位上哭成了泪人。散场后，她抱着我："你说，我的青春去哪儿了？"

她说，大学四年，她最好的青春，全都白过了，既不快乐，也不精彩，没有志同道合的伙伴，没有一起疯闹的死党，连一场恋爱都没有过，只是一直重复着那样严苛的自我要求，直到她以“优秀”为名，差点毁了自己。

想要变成更优秀的人，并没有错。谁都想变成更优秀的人，所以我们才在人生这条河里逆流而上。

但当你问自己什么样的人才是更优秀的人时，千万不要像我下铺的朋友那样，翻个白眼，不做深究。

也千万莫要活成他人眼中“优秀”的模样。

要去寻找自己的答案。

不是这个世界、父母、他人、习俗灌输给你的答案，而是独属于你自己的答案。

这个世界有它自成一套的话语和规则。它告诉你，从小就不能输在起跑线上，一定要好好读书考上好大学，它告诉你大学四年该如何度过，30 岁之前你一定要完成几件事，一生必读哪些书，必去哪些地方旅行，多大结婚最好，成功的标准是什么……

于是我们将人生活成了一堆数字和标准。

30 岁还不能出人头地，30 岁还不能嫁出去，完了，人生无望。

有个女孩子甚至算过一笔账，如果想要生两个小孩，30 岁前生完，小孩相差 3 岁，那 27 岁就得生第一个，26 岁就得怀孕，想怀孕之前二人世界两年，那 24 岁就得结婚。订婚后，见家长，旅行，准备婚礼要一年，那 23 岁就得订婚，订婚前要相处两年，那 21 岁就要遇到这人。

这么算下来，顿时觉得人生好紧迫。

也好无趣。

无趣到有一天你回想你的 21 岁，只记得自己像个嫁不出去的哀怨剩女，强迫自己到处找男朋友的样子，却不记得那一年你的青春是否有过自由的奔跑，是否绽放过美丽硕大的花朵，让你可以在未来的人生里止不住地怀念。

讨厌过去的自己，抹杀过去的时光，我总觉得这是一件格外悲哀的事。

仿佛那亲历的青春，所有历历在目的岁月，都如船过水无痕，连回响都没有，就虚度过去了。

谁都只能活一辈子，若每一寸光阴不能尽情尽兴地活过，岂不是辜负人生?

雅克伯是个高大英俊的德国人，曾经的职业是法律顾问，负责给各种企业准备相关的法律文件。这是一份收入不菲的工作，但他却在 30 多岁的时候辞掉了工作，来到中国，成为某公益组织的义工。

不少人对他这种天差地别的人生境遇很感兴趣，也对他的选择感到困惑和不解。有人说，外国人嘛，随性潇洒得很，肯定是心血来潮就做了决定。反正人家不愁吃穿，不像我们，生存压力这么大。

他却说，辞掉工作并非心血来潮，因为他想了很久很久。

当然，契机也只是一个忽然而至的念头。

有一次，他为一家公司拟定购买卡车的合约，在完成所有法律条款之后的某个时刻，雅克伯想到，那家公司想必已经买到了他们想要的卡车。在那一刻，他忽然很想知道那辆卡车是什么颜色。是红色的吗？还是其他颜色？是崭新的吗？漂亮吗？可是他的职业并不需要他知道这些。

就这样辞了职。听起来相当任性，却无端让人觉得浪漫。

对他而言，他只是不希望自己的一生仅仅作为旁观者而存在罢了。

他说自己快40岁了，人生很快就到头了。

将从前制订好的人生计划推翻重来，开始任性地做最想做的事，或许是唯一不会让未来的自己后悔的选择。

于是，当所有人都在跟人谈论婚姻、家庭、孩子、丈母娘、公公、婆婆、房子、车子的时候，只有雅克伯一心念着他心中的那辆红色卡车。

那辆红色卡车，在他的脑海里，一定是最美丽鲜活的风景。

我时常想起下铺的女孩，那个时候的她，心底大概没有任何美好风景，只有一圈圈锁链，把自己的身体和心都锁得严严实实。

不柔软，不强大，不温暖，不快乐，那是一个连她自己都不喜欢的自己。

以为不越雷池半步就足够安全，怎知错过的却是最美好的自己。

我们或许不是她那样的“强迫症女孩”，但也会在意明年的薪水比今年的薪水涨几个百分点，会细数30岁之前完成几个人生目标，会掐算着在哪一年必然遇到命中注定的那个他，否则就晚了再也来不及了，会谋划着想找一个有几套房子几辆车的土豪……

这也并没有错。

但倘若有一天，你发现实现这些世人公认的人生目标并不让你快乐，意识到你想走的路和别人不同，你想看的风景在另一片天地，记得要有勇气承认，然后调转方向，策马而去，决不回头。

何必强迫自己和别人活得一样？若是鱼儿，就游在水中；若是马儿，就奔跑在草原上。

许诺一个自由的灵魂给自己。许诺沿途最好的风景给自己。

问自己：

亲爱的，有没有很努力地变成你喜欢的自己？

有梦就去追，哪怕披荆斩棘

当你走出来看过世界以后，你的能量将会被无限放大，吃过苦、摔过跤、体会过无人可以依靠的生活后，你的成长足以让你面对大部分问题。

小林来自重庆，性格非常爽朗，各种笑话信手拈来，反应速度极快，聚会时她能将一直疯疯癫癫的另一朋友直接呛得哑口无言。可是她鲜少提起自己的过去，如果有人问，她就会反问一句：你猜？

没有人猜到，于是打个哈哈就过去了。

有一天，我整理电脑资料，将以前采访的资料归类，尤其以时政类为主，满屏的“××大会精神总结”“第×届活动流程”。小林凑在一边看，没头没脑冒出一句：我以前经常写这种材料，要疯掉！

我很好奇，小林实在不像能写这种八股文材料的性格——要是她坐办公室，突然传出那震耳欲聋的爆笑声会吓死隔壁大姐，平时和领导说话直接上手拍肩，估计第二天就被开了。

可是事实真相是，小林不仅曾经是个公务员，还是部门里的小骨干，平时接待外宾，翻译外事材料都是她的活儿。

小林考试运一直颇佳，高考考进重点院校的外语系，毕业后顺利考上公务员。大部分时间都是写材料，隔三岔五总结一下最新精神，还得用各种词汇来描述内心感受。

时间一久，整个人都空了。

小林觉得无聊，办公室的白色办公桌无聊，领导发言无聊。无聊每天吞噬着自己的骨头，小林在工作第三年开始写日记，有时不知道写什么，整张纸用笔深深地割出四个字：浪费生命。

那时候每天下班会和同事一起坐班车，其他人坐在一起讨论家庭、孩子、办公室八卦，小林一个人坐窗边玩手机。刷网页时，忽然看到一篇关于国外打工的攻略。

她久久望着结尾那句话：现在就上路吧。

小林辞职没有费多大事，虽然父母有犹豫，但是小林的坚持最终还是让他们放了手。

出国以后小林曾被行政单位生活压抑许久的热情全都爆发出来，她尝试所有疯狂的事情：一路搭陌生人的便车，去跳几十米高的瀑布，没钱了直接敲门询问好心人能否收留她一晚……

生活一下子变得尽兴了，每天都迸发出火花。她一路找不同工作：在餐馆蹲四五个小时洗盘子，去果园背三十几斤重的筐子摘苹果，去给西班牙人做英语导游，甚至还在跳蹦极的地方帮游客拍落下去瞬间的惊恐照。

小林以前出去游玩照的相，都是站得直直的，抿嘴矜持微笑着，现在却是各种凌空跳跃和咧嘴大笑。最初几个月，每次联系都会反复问“辞职后悔吗”的严肃父亲，后来也渐渐开起她的玩笑：看你这脏的，和猴子一样，还嫁得出去不。

今年 1 月，准备回国的前一天，小林在微博上写下这样一段话：如果没有经历过，不知道自己原来有这么大的能量，现在的我真棒！

下面有个网友的留言，言辞间有些质疑：那你还不是得回国，还能找到像以前那么好的工作吗？

小林并没有回复他，因为类似的话早已听过无数。

在路上，我们渐渐明白一个道理，当你走出来看过世界以后，你的能量将会被无限放大，吃过苦，摔过跤，体会过无人可以依靠的生活后，你的成长足以让你面对大部分问题。

因为青春，无惧后悔

不如就在叛逆和疯狂的道路上一路狂奔。即使荆棘满地，历尽挫折与艰辛，依然哭着前行，只要青春无悔。

工作中认识一个女孩，大学还没毕业，来公司做实习生。人乖巧又勤快，吩咐她做的事都做得很好，和同事相处得也融洽。连平时十足挑剔的经理都夸她好，说她不像之前的实习生，事做不好，还总闹小孩脾气。

一次聚餐，路上和她聊天，聊到五月天近期来北京巡演的事，她立刻眼睛放光，说她是五月天的超级粉丝，演唱会开到哪儿追到哪儿，一场不落。接着开始历数五月天的出道史，掰着指头告诉我哪些歌堪称经典，又说主唱阿信身上的哪些优点影响了她，他写的哪些歌词给了她正能量，说得手舞足蹈，停不下来。

看着她快要冒出星星眼的兴奋表情，我忍不住微笑，这孩子，是真心喜欢五月天啊。我自己不追星，却理解这种谈论喜欢的人时血液加速、内心激荡、不吐不快的感觉。

到了演唱会那天，她却早早订好了晚饭便当，坐在办公桌前，干劲满满准备加班。

我很奇怪，问她怎么不去看演唱会。她一笑，早就不追啦。

我更奇怪了，明明那么喜欢他们?

她说，喜欢也有很多种方式。

后来我才知道，原来她追星最疯狂的时候是中学时期。加入粉丝俱乐部，追五月天出场的所有电视节目，买登载他们访谈和照片的所有杂志、报纸、海报，翘课去他们所有大大小小的巡演。她家境尚可，有时撒娇，有时撒泼，父母总能满足她的要求。学业当然一塌糊涂，加上经常缺课，出勤率都不够。好不容易混到高中，终于落到要留级的地步。

父母不准她再追星，她当然不听。不给她钱，她就偷家里的钱，四处向朋友借；不让她出门，她也总有办法偷溜出去；打她骂她，她索性离家出走，折腾得天翻地覆。

老师、亲戚、朋友轮番规劝，她谁的话也不听，叛逆得不得了。

终于把爸爸气得心脏病发，进了医院，差点救不回来。她跪在病床前痛哭，从此把对五月天的喜欢收进心底。

没错，喜欢也有很多种方式。疯狂地追逐，一场不落地听演唱会是一种方式，让自己活成喜欢的偶像的样子，是另一种方式，而且是更好的方式。

如今，她考上了不错的大学，成为一个人见人夸的实习生，以后她当然也会成为一个努力工作的社会新人，努力寻找自己该走的路，就像五月天说的那样：不放弃梦想，好好期待一趟精彩的人生旅程。

青春期的叛逆和疯狂早已不见痕迹。

但她说，五月天有一首歌叫《疯狂世界》，她很喜欢。阿信在歌中唱：“青春是挽不回的水，转眼消失在指间，用力地浪费，再用力地后悔。”

宁愿失败，也不留遗憾。

谁说这不是对待青春最好的方式？

正因为有过那些叛逆和疯狂，她才知道未来该走什么样的路；正因为狠狠后悔过，所以她再也不会做出让自己后悔的事。

后悔，终究好过遗憾。

曾经的室友是个能力不错，也很勤奋努力的姑娘，大学年年拿奖学金，还是学生会干部，毕业之前去一家大公司实习，当时的实习生都没有薪水，只有她因为表现优秀，每个月都拿奖金，临近毕业，眼看就要被内定为正式员工，她却辞职回了家。

我们都感到不解，她说，爸妈担心她一个女孩子独自在陌生城市闯荡不安全，也心疼她吃苦，在老家靠关系为她在事业机关找了个职位，工作清闲，待遇也不错，她自己也觉得陪在爸妈身边，做一份稳定的工作，以后顺顺利利结婚生子，这样比较好，人生也比较有安全感。

既然她说到这个份儿上，我们都不好再说什么，只是隐隐觉得可惜，以她的能力，明明更适合做有挑战性的工作。

3 年不到，她辞掉工作，退掉相亲，和父母大吵一架，回到我们身边。

怎么了？你要的安全感呢？我们都问她。

她叹一口气说，安定的生活，不适合我。

事业机关的工作清闲是清闲，却清闲到无聊的地步，每天按时上班下班，做相同的事，有时麻木到完全不知道自己在做什么。人际关系更是如蛛网般复杂，人情世故要洞察，溜须拍马要内敛含蓄，不着痕迹，她一个年纪轻轻的女孩子，哪里是那块料？

再说相亲，家世、样貌、性格、职业、收入，一样样地比照，计算，爱情微不足道，她是谁，是否独一无二，更是微不足道，简直不知道为了什么要结婚。

再说生活，三线城市，日子过得悠闲，和几个闺蜜去寻觅美食、喝个下午茶，逛街，美容，这些都还好，唯独不能聊天，一聊就是恋爱、结婚、家庭、孩子，要不就是首饰、衣服、男人、家长里短。她连话都插不上。

父母都劝她，何必出去折腾一趟？你是女孩子，再过三年五年，不还是照样得结婚，得过安稳日子？到时你年纪大了，选择少了，肯定后悔白白浪费青春。

她说，后悔也认了。

她没有过梦想，没有为梦想哭过，笑过，跌倒过，没有为完成一个方案熬过夜，没有和知己好友彻夜长谈过，没有谈过一场轰轰烈烈的恋爱……她一细数，发现遗憾居然这么多，根本来不及去想会不会后悔。

人生，若从不曾冲破条条框框，若从不曾闭上双眼去闯一回，终究会有遗憾吧。

她说，她想当父母的叛逆小孩，想叛逆过去的自己。她不想日后回想起自己的人生，什么拿得出手的回忆也没有。

如今，她找到一份工作，从头做起，常常加班，很辛苦，每天却是神采飞扬，只因为可以凭借自己的能力升职加薪。周末的时候，她和我们这些朋友去看话剧、看展览，去南锣鼓巷、三里屯泡吧，谈理想谈未来，聊感情聊人生，说起话来妙语连珠，大笑起来没心没肺。她还参加义工组织，跟着一群年轻人到处跑，上个月，在东南亚某个海岛居然遇到心仪的男孩，正打算开始一段跨国恋。

我亲爱的朋友，全新的生活在你面前展开，像一个精彩的万花筒。但生活并非童话，明天并不总是更好。未来有一天，拥有的一切也可能会尽数失去，生活可能重新陷入低谷，你可能会回到起点，怀疑当初走一条更艰难的路是否有意义，懊恼这些日子的努力完全白费，而你白白浪费了青春最好的时光。

假如真有那一天，请记得要尽情大哭一场，然后你会发现，你已不是当初那个畏畏缩缩患得患失的女孩了。你闯过、勇敢过、叛逆过，生活的起伏和折磨逼你付出代价，却也让你收获，它早早催你蜕变、强大，所以你会重新勇敢起来，继续走你想走的路。

纵使你再一败涂地，至少不留遗憾。

昆德拉说得好：“没有一点儿疯狂，生活就不值得过。听从内心呼声的引导吧，为什么要把我们的每一个行动像一块饼似的在理智的煎锅上翻来覆去呢？”

一个人也要过得精致温暖

不要因为一个人，就放弃做你想做的事，放弃过更好的生活。哪怕只是看一部电影，开始一段旅行。

一个人。

这真是意味深长的三个字。

意味深长之处在于，一个人的时光和生活是好是坏，全在一念之间。

太多的人不知道怎么过好一个人的生活，所以日剧《孤独的美食家》，美食短篇《一人食》，人气高得令原创作者都始料未及。孤独的进食方式，不孤独的食物美学，似乎是形单影只的都市人最需要的正能量：一个人也要好好吃饭，一个人也要过得精致温暖。

多么治愈人心。

看着他们将一个人的日子过得这样滋润自在，你会觉得“孤独”“寂寞”这些词看起来也不那么可怕了。

为什么不呢，假如你真的是一个人，那就骄傲地宣称自己过着一个人的生活，并且享受着奢侈的孤独。

网上曾有人制作了一个孤独等级表，将孤独的程度分成好几级，譬如第一级是一个人逛超市，第二级是一个人去快餐厅……直到最后几级：一个人去游乐园、一个人搬家、一个人动手术，一路看下来，感觉越来越凄惨，但结果也只是引来无数人的自嘲：这就是我的真实生活写照。

这自嘲背后透露出的意味似乎是：谁想孤零零一个人呢？可是没办法呀。既然没办法，那就只能一个人把日子过好，一个人去做所有的事。就算看起来凄凉，也好过为此悲观绝望。

无数人对孤独的自嘲加起来，变成一场安慰孤独的狂欢。你看到这世上还有人和你一样，宁缺毋滥，仍然在等待着一个对的人走进你的生命。你看到大家都和你一样，一个人坚强，一个人脆弱，一个人向往梦想，为未来奋斗，会觉得孤单也没什么不好。

骄傲也好，自嘲也罢，总算都是接纳。可惜这世上总有人视“一个人”为洪水猛兽，避之不及，并且还以此要求身边的人。

某位同事，20 岁出头的小姑娘，资深吃货一枚，最头疼的事情就是一个人去吃饭时遇上熟人。原本，她喜欢四处寻觅美食，因为找不到和她口味喜好相同的人，大多数时候都是一个人，本来她自己不觉得有什么问题，但身边的人总是大惊小怪，所以她总会尽量避开熟人常去的餐厅。

一次朋友送了一张高级日料的优惠券给她，她加班后独自去吃，谁知遇上同事和同事的男友。两人吃完正要离开，看到她，过来打招呼，问她：“你的朋友还没到？”两人都理所当然以为她是约了朋友一起过来。

她不擅长撒谎，实话实说是一个人。

两人立刻眼睛都睁圆了："怎么一个人来吃呢？可惜我们已经吃完了，不然可以陪你一起的……"然后两人满脸遗憾同情地走了。

小姑娘本来吃得很自在，此时面对一桌子美食，忽然就没了胃口。

一个人，有什么不好？

从来不觉得"一个人享受美食""一个人享受时光"是件需要感到羞耻的事。

有人陪伴当然很好，两个人或者多个人在一起的乐趣，一个人的时候无法体会。但独处的乐趣，也同样真实。

两年前，李安的《少年派的奇幻漂流》上映时，我一个人去看夜场。在影厅里，身边无人打扰，透过 3D 眼镜看着巨大荧幕上波澜壮阔的大海和在暴风雨中嘶吼的少年，我深深被震撼，几乎热泪盈眶。

出来已过零点，打车回家。司机问我怎么这么晚了一个人在外面，我当时还沉浸在少年派的世界里，随口告诉他去看电影了。他听了居然竖起大拇指，一个人去看电影，姑娘，好样的。分不清他是真心夸赞还是刻意调侃。

接下来，他开始絮絮叨叨，一个女孩子家，这么晚了不安全，以后不要这样了，看电影可以早点去看……

我安然靠在车后座上，一边听着他的唠叨，一边望着窗外微笑，那是一个滴水成冰的寒冷夜晚，我却觉得很温暖。

常常和朋友、恋人一起去看电影，也常常一个人。在有想看的电影却和朋友、恋人时间配合不上，或者在我认为某些电影更适合独自观看，或者在我心情不好的时候，我都会果断地一个人去看。

李安这部电影，我盼了一年多，当初是和男友约好上映后一起去看，好不容易等到上映，我却已和男友分手。

我当时问自己，难道因为分手，就不去支持我喜欢的导演，不去看我期待已久的电影了？

对电影的热爱，最终战胜了分手对我的打击。

我很庆幸。

这件事情让我真切地感受到，我是自己的主人，是自己情感、生活、心灵的主人，我为此感到安心、自足。

也许你觉得我小题大做。

但假若你也看到那么多人有自己想做的事，却因为找不到人陪伴而放弃，就会明白一个人迈出脚步做出改变，是一件多么艰难又多么必要的事。

一次朋友聚会，我聊起不久前独自去旅行的事，说起在异地遇见的人，看到的风景，诸多见闻，一位女孩听完说："好羡慕你。"又告诉我她有哪些想去的地方。

"既然有想去的地方，怎么不去？"我问她。

"你去的地方适合一个人去，可是我想去的那些地方，都比较适合两个人一起去啊。"她苦着脸，"谁让我单身，没有男朋友呢。"

言下之意，是要等交到男友再去。

这也无可厚非。但我很想问她：假若一直交不到男友，你就一直不去吗？再假设，你交了一个不喜欢旅行的男友呢，到时怎么办？且不说他不愿意陪你一起去，即使出于爱意，或者为了满足你的要求，他愿意陪你一起去，恐怕你们也不会玩得开心吧？

谁能说两个人一起漫步海边看到的夕阳，一定比一个人看到的更美？

这世上没有任何一个地方，不适合一个人去。

有个女孩，被父母送去加拿大一个小镇读高中，那时她英语不够好，很难和当地人交上朋友，而学校的华人圈又多是讲粤语的人，她融不进去，所以做什么事情都是一个人。用她的话说就是：

一个人去中餐厅吃自助。

一个人看书学习看电影。

一个人去购物，然后把勒痛了左手的购物袋递给右手，嘴里说："喏，给你。"

一个人去滑雪，摔到脚，强忍着痛把重心放在另一条腿上，勉强从山上滑下来。

一个人生病，然后把药和吃的沿着床头摆成一列，这样如果实在不能起床，也不会饿死。

后来她去另一个城市上大学，原本在假期之前就已经定好住处，谁知房东临时变卦，在她抵达的第二天就让她搬走。于是她一个人在异国的街头找住处找到深夜。

终于找到一间便宜的房子，房间里什么也没有，她自己一个人跑到宜家买了桌子、椅子、柜子和床，叫了一辆车拖回来，一个人按照说明书装家具。结果发现床板拿错了，心疼叫车的钱，于是把床板捆起来背在背上，一个人坐车去宜家换货。

地铁上有个白人老爷爷问她：“小姑娘你是要回家给你的小狗搭房子吗？”她回答：“不是，这是我的床板。”

到了新的学校，天性开朗的她终于交到许多朋友，但她发现自己已经喜欢上了一个人的感觉。一个人的生活，让她尝到寂寞的滋味，也让她意识到自己的坚强。

她说，离了任何人也能活下去的感觉，挺好的。

我们都是孤零零来到这个世界，孤零零地离开，中间也有大段大段的时间需要一个人度过，但在这个世界上，同伴无处不在，我们不可能永远是一个人。

一个人也好，两个人也好，一群人也罢，都是生活的状态。

所有的状态，都不妨安然领受。

一个人时，就享受一个人的自由时光，也享受一个人的寂寞和坚强；有人相伴时，就享受陪伴的温暖和互动的快乐。

第2章

年轻时受的苦，终将照亮未来的路

任何磨砺，都是奋斗路上的垫脚石

不要问自己前面有什么，不要问自己会得到什么，先问问自己愿不愿意去试，敢不敢跳进生活这片不甚清澈的深潭。

我们离开家乡，从一段情感中生生剥离。去跋涉，去挑战，去尝试，去重新开始。这一切并不是谁逼着你非走不可。没有人逼你到北上广去住 10 平方米不到的出租屋，没有人逼你必须熬夜工作，没有人逼你必须去和难缠的客户打交道，没有人逼你一天必须工作十六七个小时。

也没有人逼着你离开熟悉的故乡，离开父母的身边，离开安逸的生活。

其实谁不想在家乡，陪着父母老去；谁不想在熟悉的故乡和认识了十多年的老朋友时常聚聚；谁不想待在老家，可以有一所属于自己的房子，未必面朝大海，但总能容下一个三口之家，弥漫饭香。

但我们依然把故乡和过去一起背在背上，带着梦想独自启程。

因为我们不想在 20 岁的时候就过上 80 岁的生活，因为我们相信梦想必须在更大的地方才能绽放得绚烂，无论生活多么不公与残酷，努力奋斗依然是离开狭隘和偏见的唯一途径，每一种艰难的工作都有可能会通向梦想的天堂。

所以，我们自愿选择看似崎岖的道路。

闺密的男朋友 T 君是一个创业者。大学的时候他参加全市的科技创新大赛，拿了一等奖，是别人眼中的天才，再加上身材样貌不错，一时风光无限。毕业后，这个天之骄子原本有机会进全国最好的互联网公司，拿令人艳羡的薪酬。可是他拒绝了这个极好的机会，背着他自己的产品到深圳。原本可以在北京的写字楼里吹着空调当经理的他，背着包在深圳华强北闷热的大楼里当推销员。一连跑了一个多月，没有人看好他的东西，好不容易有人看中却被对手背后下手抢了单，好不容易没有被人抢单，却因为产品的服务出了问题，他被客户指着鼻子骂成骗子。天之骄子一下子落入了凡尘，尊严粉碎了一地。

遇到这样的事，耐得住性子坚持的就能挺过去，耐不住的就永远是个路人甲。有一次跟闺密和 T 君小聚，聊天说起这段，他的语气平淡得就好像在说别人的事，他说自己打心眼里还是觉得自己是个做开发做产品的人，不想把自己的东西让给其他人，所以才拒绝当时的那份工作，可是自己万万没有想到，现实会让自己既当销售又当售后，这真不是自己想干的活儿。但最终一切还是稳定下来，成了自己想成为的人。现在他不仅自己做项目，也投资项目，那些经验和眼光都是售前售后一起当的时候积累的。

面对工作，有时候我们很难说喜欢与不喜欢，就像我们很难说清离开家乡漂泊在外面的感觉是喜是悲，但我们总在这样的生活中一天天清醒，终有一天豁然开朗。所以，我们一直对自己说，没事，无论这生活的深潭里埋着什么，潜得久了就知道有没有自己想要的东西了，摸索得长了就知道这生活是不是我们心之所向。哪怕抓到满手淤泥，也是下一次前进的线索。

又或许，我们所有的热血都在现实的汪洋里冷却，如一场热闹的宴席终于走向平淡，可是那又如何呢？哪怕我们所有的尝试都终将败北，但那曾经波澜壮阔的青春总可以在我们老的时候变成故事。

所以，不要问自己前面有什么，不要问自己会得到什么，先问问自己愿不愿意去试，敢不敢跳进生活这片不甚清澈的深潭。

我的大学室友中有一个姑娘来自东北，我还记得她一开口时那股浓重的东北“大碴子”味儿。她的名言是：必须趁年轻的时候多看看世界，多体验人生。因此毕业时，她没有像我们一样忙着考研和找工作，她拿了两万块钱潇洒周游世界去了。我不知道她的具体行程，只是从她发在社交网络上的照片和状态了解她到过哪里。

她曾去过丹麦，那里极少有人说英语，这意味着她在那里连语言都要从头开始学，而她在那里待了一个月，社交网络的状态里总是她今天遇到的奇异的单词和因为语言出错而出的糗，尴尬又开心。她还说丹麦人用长得像塔一样的小锅煮吃的，真是难吃，十分想念北京的涮羊肉。

她在阿拉斯加见过此生所见最大的三文鱼，在瀑布见过它们跳跃着不顾一切洄游产卵，她说见过这些后，觉得自己受的所有苦都值得。我知道，那时候和她恋爱了 3 年的男朋友终于还是没有耐心等待她回来，和一个女同事结婚了。那个男人在他结婚那天才用微信告诉她不再等了。我不知道她是不是哭了，那天她传的照片只有三文鱼。

她在国外的日子里，我们总是聊到她，说她真是天真啊，真是冲动啊，真是不顾现实啊。也有人说，她的家境也许能让她有冲动和不现实的资本。我不知道她的父母做什么工作，但我知道她出国的两万块钱来自 4 年大学的省吃俭用和兼职打工，我知道她是宿舍里唯一一个不用手机还用公共电话往家打电话的人。就算她家里真的富得能让她衣食无忧一辈子又怎样？她不也是一个人，走到了我们没有走到的地方，迈开了我们没敢迈出的脚步吗？当她一个人身在异乡被爱了 3 年的男人放弃的时候，不也是一个人撑了过来吗？所以，就算全天下人都不理解你的决定也没有关系，你经历了一切，就总有一天会用和别人不一样的状态去面对一样的生活。

曾子墨说："前途路上，置诸死地，有人，真死了；有人，活过来并活得更好。最重要的是，问自己，有没有勇气做，做砸了，输不输得起。"输得起的，上帝本来就没有规定付出与收获之间必须有固定的比例，大不了重新再来一次，反正你不去试也什么都没有，因此试了，失败了，也没有什么可以失去。

不是生活糟心，是你活得不够用心

现在过得如何，取决于你过去做了什么；而现在所做的一切，会一点一滴堆砌出未来的模样。一切都是自己的选择。

我的一位女友，是那种长得漂亮、为人又谦和的女孩，很讨人喜欢，从大学到职场，向来追求者众多。其中两位追求者最长情：A 君家境好，事业有成，待人温柔，成熟稳重；B 君英俊潇洒，才华横溢，性格有些孩子气，却最懂浪漫。

女友最终选择了 A 君。

周围的朋友都喜欢 B 君，不免为他抱不平，背着她议论纷纷：还以为她和那些拜金女不一样，看吧，果然还是金钱力量最大，高富帅，重点是富，帅不帅有什么关系。

女友偶尔听到了这些议论，也只是笑笑，并不生气。

一次去星巴克闲坐，终于忍不住问她，真的是因为 A 君更有钱，才选了他?

女友慢条斯理地抿了口杯中的卡布奇诺，答非所问地说了一句："前阵子，他们俩工作上都有些不顺。"

A 君是自己开的公司，现金流出了点问题；B 君则是与顶头上司不和，工作上诸多摩擦。"工作不顺是常有的事，谁都会遇到，但两个人面对问题的态度，还有对待我的态度，简直天壤之别。”女友说。

那段时间，A 君忙得脚不沾地，焦头烂额，与她的联系也变得少了，但他仍然不忘隔天在微信上问候一句，他很坦然地告诉她，公司出了点状况，最近太忙，没有时间见面，女友安慰他几句。他就笑说：“嗯，别担心，我肯定能渡过难关。”

B 君因为工作不开心，找她的次数反而变多了。有时在微信里向她抱怨顶头上司性格恶劣，不懂用人，偶尔见面，也总要哀叹自己怀才不遇，女友劝说几句，他就耍脾气：“你说得轻巧，我有什么办法，这个社会太不公平了啊，机遇全都给了那些会钻营的人……”

听到这里，真相大白。都以为她拜金，其实她拜的是生活。

“你知道吗？那天他和我见面的时候，不仅头发没有打理，衬衣里面的 T 恤也穿反了。”女人真是心细如发。但这些细节已足够说明问题。

人生还长，谁能料到前路上风雨几番？她不愿和一个遇到风雨就满腹牢骚、遇到挫败就理所当然把生活过得一团糟的人携手走过一生，也是理所当然。

从前总以为，我们需要满身金银，才可以把生活打理得美好有趣；以为需要流浪到世界的尽头，才能证明自己活得自由。

后来才知，真正的美好和自由是什么呢？应该是你哪怕在人生最低的低谷里，脸上也仍有笑容，心底仍有希望；是你哪怕活在尘埃里，也可以坚韧地在尘埃里开出花来。

活得美好和自由的前提是，自己决定自己的生活、自己的心情。

百度贴吧有一组很火的照片，楼主贴出了她的两个同学，一墙之隔下两个姑娘不同的生活：

“墙左边的姑娘每天的生活是泡沫剧，看累了就叫外卖，手头上偶尔有点闲钱就去逛街买衣服，她抱怨考试很难过，身材不好没人追，去社交场合没话说。她苦笑指着对面，不像她，那么好命。可她不知道，墙右边的那个“好命”的姑娘，已经在她看泡沫剧的时候自学了法、英、西三门外语，好命姑娘在社交场合能侃侃而谈，是因为看过的书比她吃的快餐盒撑起来都要高。她攒钱每隔一段时间就去旅行。左边的姑娘跟我抱怨，生活无聊又没趣；好命姑娘却告诉我，夏天的时候托斯卡纳的大波斯菊很美。”

很简单，现在过得如何，取决于你过去做了什么；现在所做的一切，会一点一滴堆砌出未来的模样。

一切都是自己的选择。

自由的选择。

常去的咖啡馆，在鼓楼附近一条外国人扎堆的胡同里。去的时间长了，和在那里兼职的女孩成了朋友，人不多的时候就请她喝杯咖啡，聊些闲话。

她告诉我，她是大学生，家境不好，不想增加父母的负担，所以自己出来打工挣学费和生活费。又告诉我咖啡馆的老板夫妇人很好，准许她按照她的时间自由排班，给的薪水也比别家高。晚上她还会去附近的餐吧兼职，外国客人多，可以顺便练一练英语口语，她最近在考托福，打算出国留学。

我知道和她同龄的人，都在无忧无虑地逛街、看电影，和男朋友约会，可是这个开朗的女孩，说起自己的事时总是一脸甜甜的笑容，让人不自觉地就忘了她的辛苦，只想开开心心为她说声加油。

有一次去，她不在，我点了店主推荐的手工甜点和滴漏咖啡，坐在那里和老板娘闲聊。聊到兼职的女孩，老板娘笑说："是个相当不错的孩子呢。她刚来那会儿，咖啡馆生意不好，她那时兼职费也不高，却很费心思地帮我们想了不少提高人气的办法，你看，现在店里的推荐菜单，还有每周的小众电影放映会，都很受欢迎吧，其实这都是她当时出的主意。"

老板娘笑得温柔，我想起女孩说起老板夫妇待她好时感激幸福的表情，觉得自己都变得温暖幸福起来。

她拿到美国名校全额奖学金的那个周末，我照例去咖啡馆，她请我喝我最喜欢的冰激凌拿铁，又送给我一包她亲手烤的巧克力曲奇。

"谢谢你。"她说。

我惊讶道："我什么也没做啊，全靠你自己努力。"

她却笑着摇头："其实不仅要谢谢你，对这几年遇到的所有人，我都心怀感激。"

如今，咖啡馆的墙上贴着她从美国寄回来的照片和信。

照片里的她清瘦了不少，也变得更漂亮了，站在加州的明媚阳光下笑得满脸灿烂。

信上，一字一句，全是感谢：感谢老板和老板娘，感谢这家咖啡馆，感谢她结交的朋友，感谢四年间咖啡馆里所有的客人。

这真是一个很棒的姑娘。

糟糕吗？辛苦吗？卑微吗？艰难吗？从她身上，我一点也没有看到。我只看到一个坚韧努力的姑娘改变命运的过程，就像在创造一个奇迹。

其实怎么会是奇迹呢，一点一滴的改变，都是她应得的回报。

从来没有糟糕的生活，只有不用心的人。

我们都可以做出选择：选择在拥有健康、美貌、才华、能力时，仍然把生活过得乱七八糟，然后抱怨命运没有给出更好的选择；也可以选择在人生一无所有的时刻，打理好自己，过得像一个真正的心灵贵族。

出身、家境不可选择，的确如此，但生活真的是一件可以选择的事。

你永远可以去选择：努力，乐观，快乐，温暖。

或者相反。

不安于现状，才能在未来改变自己

人生最大的危险，就在于安于现状，不敢冒险。冒险的确可能遭受损失，但仅仅是可能而已……

价值是一个变数。今天，你可能是一个价值很高的人，但如果你故步自封，满足现状，那么明天，你就会贬值，就会被一个又一个智者和勇敢者超越。今天，你可能做着看似卑微的工作，人们对你不屑一顾；而明天，你可能通过知识的不断丰富和能力的不断提高，以及修养的日益升华，让世人刮目相看。

李洋曾经在一家合资企业担任首席财务官。在成为首席财务官之前，他工作非常努力，并取得了出色的成绩。老板非常赏识他，第一年就把他提拔为财务部经理，第二年又提拔他为首席财务官。

当上首席财务官以后，拿着高薪，开着公司配备的专车，住着公司购买的豪宅，李洋的生活品质得到了很大的提升。然而，他的工作热情却一落千丈，他把更多的精力放在了享乐上面。

当朋友问他还有什么追求时，他说："我应该满足了，在这家公司里，我已经到达自己能够到达的顶点了。"李洋认为公司的 CEO（首席执行官）是董事长的侄子，自己做 CEO 是不可能的，能够做到首席财务官就到达顶点了。

他在首席财务官的位置上坐了差不多一年的时间，却没有干出值得一提的业绩。朋友善意地提醒他："应该上进一点了，没有业绩是危险的。"

没想到，李洋竟然说："我是公司的功臣，而且这家公司离不了我李洋，老板不会把我怎么样的！"他甚至在心里对自己说："高薪永远属于我，车子永远属于我，房子永远属于我，没有人可以夺去，因为没有人可以替代我。”

的确，公司很多工作都离不开李洋。然而，他的糟糕表现还是让老板动了换人的念头。终于，在一个清晨，李洋开着车，和往日一样来到公司，优越感十足地迈着方步踱进办公室里，第一眼看到的却是一份辞退通知书。

他被辞退了，高薪没了，车子不得不还给公司。而且，他还从舒适的房子里搬了出来，不得不去租一间小得可怜、上厕所都不方便的小套间。

李洋以为自己不可替代，事实上，“沉舟侧畔千帆过，病树前头万木春”。就在他被辞退的当天，公司就招聘了一位首席财务官。

“功臣”依然失业了。李洋不思进取而失去优越的“现状”，是不值得同情的。这个故事告诉我们，安于现状的人最终会被淘汰。无论是什么职位，如果你安于现状、不思进取的话，都逃脱不了职位被人抢走或者“铁饭碗、金饭碗”被打破的可能。

事实上，在很多企业里，“功臣”都因为安于现状而失败。这些“功臣”们在失败到来时，常常埋怨老板“不念旧情、忘记过去”，却没有想过，自己虽然昨天是“功臣”，可今天已经成了浪费企业资源的人了。

要避免类似于李洋那样的遭遇，有两点是必须记住的：

第一，努力奋斗，不断改变自己的“现状”。

第二，过去的成绩只能属于过去。不管你是如何功勋卓著，在你不能为企业创造新价值的时候，你就是一文不值的。老板不可能因为你昨天干得好，就把你一直养下去。

只有不断超越平庸，永远不安于现状，你才能在职场上永远处于不败之地。

不安于现状，是优秀经理人的基本素质，也是优秀员工的立身之本。任何企业所需要的，都是不断创新的人。那种必须推着才肯前进的人，肯定会被社会所淘汰。

运气是靠自己拼出来的

青春如同一场战争，无论悲壮或惨烈，都要勇敢“参战”。不在别人身上寄托梦想，不在乎身旁的耳语，只是告诉自己要努力，才能打赢这场“战”。

幸运也是一种实力，世上没有永远的幸运儿。

我属于天生运气较好的一类人，家境好，长相好，学习好，工作好。

前两个好是命好，后两个好完全是个人努力所得，尤其是最后一好——我的好工作，能够在 30 岁时做到这个职位，说起来，得感谢一个人，是她，扎扎实实地给我上了一课，让我明白了一个简单的道理：没有永远的幸运儿，好运气其实也是一种实力。

2010 年 8 月的一天，我坐在洒满阳光的玻璃窗前，故作平静地品着咖啡，内心早已澎湃成一条汹涌的河。再过几分钟，新主管的人事令就下来了，我志在必得。

然而，人事令上的名字差点儿让我晕过去，赫然写着：王丽萍。

王丽萍怎能与我相比？大专学历，农村背景，身材肥硕，说一口土得没边儿的山西普通话。而且，她只是个打杂出身的。

记得当初与我一同参加面试时，经理仅用余光扫了她三秒就下逐客令了："王小姐，对不起，你可能不合适这个职位，谢谢你来参加面试。"

公司采取的是围桌式面试，6 名面试者围桌而坐，分别回答面试官的问题。王丽萍就坐在我的左手边，我似乎感觉到了她紧张的心跳和因紧张而上升的体温。

王丽萍没有立刻出去，她站起来，直视经理说："我喜欢这份工作，能不能让我留下来？我可以不计薪酬，而且免费加班。"

廉价劳动力啊，我在心里摇头，不自重身价只会没身价。我同情地瞥了王丽萍一眼，没想却被她逮住了这一瞥，而且她还回了我一个真诚的微笑。

那次，公司招了两个人：我和王丽萍。第一个月，我的工资单上写着 6000，而王丽萍的是 2000。

起点决定终点，从那一刻开始，我发自内心地轻视了王丽萍。

我的工作办公环境舒服，座位靠窗，可以俯视写字楼下的芸芸众生。王丽萍的座位是加进来的，角落支了一张桌子，没有电脑，没有文件夹，椅子不带靠背。

可能是同为新人的缘故，王丽萍特别喜欢跟着我，鞍前马后的，非常殷勤。开始是帮我做些复印打印收发文件之类的小事。后来熟了，我把一些复杂的活儿也交给她干，她从不拒绝，有时我同时吩咐她几件事，她怕忘了，用小本子认真记好，完了还要跟我确定一次。而且，无论我怎么挑她的错，她从没怨言。有一次，我口授思路，让她形成文案，她怎么也弄不明白主旨，被我训得七荤八素。末了儿，她还小心翼翼地说："对不起，我太笨。"

跟王丽萍在一起，我非常有优越感。名校毕业，城市小姐，时尚大方，擅长交际，我在公司里如鱼得水，工作得顺心顺意。

我聪明，会偷懒，拿王丽萍当助理使，不过也有让我哑巴吃黄连的时候。

那年圣诞节，公司要举行晚宴，由我负责布置现场。这种累活儿我一向能躲则躲，接到通知后，我把王丽萍叫过来，一番耳提面命，看着王丽萍得了圣旨般出去忙活，我气定神闲地坐在电脑前看起了贺岁片。

现场布置得富丽堂皇，处处彰显出大公司的体面和大气。王丽萍不知从哪儿弄了棵巨大的圣诞树，上面用彩灯打了一个醒目的公司 LOGO，晚宴上，这个 LOGO 的创意引起了老板的注意，老板提出想见见这个创意的设计者。

布置现场是我的工作，本来应该由我去，但是经理却点了王丽萍，谁叫我布置现场的时候在偷着看电影？所有参与布置的人都知道，是王丽萍自始至终在忙活。可有谁知道，这是我教给王丽萍的呢。

那个圣诞是我最痛苦的记忆之一。很快，年终评选会上，我再次被王丽萍震惊。

评选优秀员工，王丽萍全票通过。王丽萍平时谦卑谨慎，又勤快能干，人人都享受过她的免费劳力。而且，她在公司没名没分，投她一票没有任何威胁，卖个人情何乐不为呢？而这样没有争议地拿到优秀员工奖，在公司还是第一回。大老板很好奇，他想看看王丽萍究竟是何方神圣。

大老板召王丽萍面谈了足足两小时，那两小时里，我分分钟如坐针毡。

过完春节，王丽萍就与我平起平坐了，但她在我面前，依旧谦卑低调，任由我使唤。我虽对她有所侧目，但心里终究还是有些瞧不起她，不就是一打杂出身嘛，而且，还笨，她今天的成绩，还不是我拱手相让的？

一年以后，我和王丽萍的主管升职了，主管空缺。看了看身边的王丽萍，我笑了。

然而，人事令上，分明写着“王丽萍”三个字。

任何人都可以，唯独王丽萍不行，我几乎是冲进了经理办公室与他理论。

“凭什么？我哪里不如王丽萍？”

经理什么都没说，默默递过来两张考勤表，一张是我的，一张是王丽萍的。我的那张，空白地方多，王丽萍那张，画得满满的，她几乎每周都加班了。而我，不是迟到，就是早退，请假还特多。

经理又拿出两个本子，分别记录着我跟王丽萍的工作业绩，我的依旧很空白，她的却写得满满的。

经理再递过来一摞方案，是王丽萍加班时写的，都是关于公司建设方面的，我扫了几页，立刻焉了，不少观点都是我平时跟她卖弄时随口说的，她如此有心，又如此勤快，不仅记了下来，还理得清清透透，做成了精美的方案。

经理再递过来啥，我不敢接了。

有一句英语叫作 Every dog has his day，意思是说每个人都有走运的一天。那一天，是王丽萍的好日子。对她来说，青春如同一场战争，无论悲壮或惨烈，她都要勇敢“参战”。不在别人身上寄托梦想，不在乎身旁的耳语，只是告诉自己要努力，才能打赢这场“仗”。

人生仿佛一场局，迷茫时在局内，参悟时已在局外。

当我意识到自己和王丽萍之间的差距时，我才明白，我应该努力去争取属于自己的“那一天”。

我用最快的速度递交了辞职信。临走前，王丽萍过来送我，眼圈有点红，说：“对不起，我不是故意的，我只想向你学习。”

我一摆手：“你不用道歉，你没有错。”

我换了新工作，在新公司里，我眼明手快，工作勤恳，成绩斐然，自然升职也快。每次升职，我的心里都有一股酸甜的感觉，我会自然而然地想起王丽萍。

有一天，我故意经过原来的公司，没想到，还真跟王丽萍不期而遇了。她瘦了，穿着高档套装，脸上是精致的妆容，一副资深白领的派头。

迎着灿烂的阳光，我俩相视而笑，继而紧紧相拥。

不要让梦想只是梦想

对绝大部分人来说，理智、冷静，都是值得赞颂的品质，它们为生活保驾护航。可对另一些人而言，这两样事物的出现，意味着内心的一部分疯狂枯萎了。

我曾在云南昆明度过一段时间。那是座非常有风情的老城，老昆明人散漫地在翠湖边拉二胡唱戏，刚放学的孩子们挤成一团买烤洋芋，从他们身边昂首走过的，是穿着艳丽民族风裙子的游客。与现在层出不穷的新奇旅行方式不同，当年去丽江艳遇就算足够小资了，如今，连小资这词儿都不流行了，当年裹着披肩在四方街作忧郁状拍照的文青们，现在热爱赤脚走在泰国的大马路上。

但总而言之，七年前的昆明是无数文艺青年的过渡歇脚站，我就是在那儿，碰到蔓蔓的。

蔓蔓当时刚刚从丽江回来，她在那里待了两个月，整个人被高原阳光晒得黝黑，每天打打零工赚钱交房租，偶尔批发点小东西临街叫卖。她对生活没有什么要求，稍微赚点钱就够了，多的不求，少的也能凑合。

我们俩交换联系方式，甚至连彼此的长相都记不太清，就像旅途里偶尔相遇的两朵云，就此分开。后来五年里，断断续续得知她的消息：去青海的青年旅舍客串了几个月的掌柜；骑行西藏；在西双版纳咖啡馆里换宿……反正所有文青会干的事，她都做过。

的确很多人不理解她为什么不去找个正经工作，成天“无所事事”，让家人没有安全感。但是对蔓蔓这种无欲无求无野心的人，生活随性就好，不愿考虑更复杂的东西，即使对那些收获颇丰却需要用力一搏的东西，也不愿浪费精力。

就是这一点，导致她后来的“出逃”失败。

其实蔓蔓比我早两年就开始考虑出国，但是考雅思、体检、办理财产证明等琐碎事拖延了她的脚步，不是今天没时间学习英语，就是明天要去尼泊尔玩，拖拖拉拉许久时间，在当时的她看来，出国不是一件紧迫的事情，随时随地只要她想，就能。

在我办完所有事踏上飞机的前几天，她还在 QQ 上和我聊：你等着，回头我去找你。

当我旅行完新西兰全境，在皇后镇找了房子长住下来后，已经又过了半年，再次联系上蔓蔓时，感觉她情绪明显不对。

语气里不再有昂扬潇洒，只有淡淡的敷衍：我现在没有钱，不出去了，想自己开个网店。

我问：那你以后还来吗？

她回了三个字：再看吧。

当年那个脚磨破了，直接脱了鞋啪嗒啪嗒走在昆明金马坊大街上，骑摩托车飞奔在高速路上任头发飞舞，对什么事儿都满不在乎的蔓蔓，忽然不见了。她开始变得理智了。

这真可怕。

对绝大部分人来说，理智、冷静，都是值得赞颂的品质，它们为你的生活保驾护航。可对一部分人而言，这两样事物的出现，意味着内心的一部分疯狂枯萎了，可是根子却拔得不够彻底，于是那些微火光日夜折磨你，你知道你想要什么，可再也没有力气去拿了。

如果只是阅历与心智成熟让蔓蔓走到那一步，倒也罢了，可是偏偏她是迫不得已向现实妥协。蔓蔓的磨蹭，错过了来新西兰的最好时机，当年比较冷门小众的打工度假签证，几年来常年开放，鲜有人申请，可从 2013 年开始广为人知。开抢的第一天，一个小时就全部没有了，这一状况，还将长期持续下去。对蔓蔓而言，如果仅仅是办旅行签来玩，时间有限，开销太大，一次只能待一个月，完全没有深度体验的机会。而出来读书，却更不实际，她连雅思成绩都没有。

也就是说，从 2010 年到 2012 年，中间这三年有无数机会，蔓蔓都错过了。

我就是从她身上，才深刻理解那句特俗的话：有些事，你现在不做，将来永远也不会做了。

这是真的，有时候上路需要的只是那么一点时机，一点荷尔蒙，一点激情，一点不假思索。可是也许只犹豫多一秒钟，这些东西“砰”的一声瞬间消失殆尽，再也不会回来。

在新西兰工作生活的年轻人，家境多是“还好”，这个“还好”上至可以拼爹的富二代，下至吃穿不愁但余钱不多的平常人家的儿女。公平的是，无论是富家子弟抑或普通人家的儿女，来到这儿都是一样的，该吃的苦一点都不会少。新西兰实在也没有什么可供你奢侈消费的地方，于是此时，拼的不是家境，而是内心强大程度。

有一个印度同事，身家极丰厚，据闻其家族在印度有 10000 亩地，一亩地是 666 平方米，如此算算的确惊人。但是具体如何我们没人知道。只是偶尔听到他咕哝：我妹妹的房间都比这个鬼地方大。

他说的鬼地方是他们所工作的五星级酒店。

坊间传闻这印度小地主出来，是被父亲逼的。他的爸爸非常开明，当年也曾出国游历几年，如今看儿子太过稚嫩，便也扔出来希望磨砺一下他的性格。在不情不愿以及“你不出去打拼一下，我一分钱也不会给你”的威胁里，这个男孩来到这家酒店，做打扫房间的服务员，每天低头弯腰清理马桶，捂着鼻子把各种的垃圾归拢到一起扔掉。

因为总是闲站在一旁不做事，被搭档告了好几次状，加上客房服务部的经理以咆哮闻名，这男孩日益低沉。最后一次挨骂时现场的火爆程度，惊动了全酒店上下。

据说当时是这样的，几个客人让印度男孩更换浴室毛巾，但是等了一个上午，连他的人影都没见到，客人恼怒地去投诉，竟然被他还嘴说：你们自己弄得那么脏，还好意思怪我。

印度男孩彻底捅了娄子，这间酒店一向奉顾客为上帝，加上经理早就对他不满，把他拖到办公室一顿骂外加警告处分。可是高潮在于，这男孩直接把打扫客房的手套扔到桌上，仰起头大声说：我才不稀罕在你这干活儿，我告诉你，我家可以把整间酒店买下来!

扔过手套后，他开始长篇大论地演说，内容无非是“我家那么有钱凭什么听你使唤”“你们这儿就是垃圾，垃圾，垃圾！”诸如此类，当时正值午饭时间，所有客房服务员听得一清二楚，男孩的印度腔英语久久回荡在办公区内，引得不少人偷笑。

在年轻人堆里，这事成了茶余饭后的笑话。没人在乎你有没有钱，只看你有没有用自己的力量去获得金钱。

后来大家再说起他，都是揶揄的语气：啊，不知道他什么时候回来买下酒店呢?

比起印度男孩，小夏就要好得多了。

小夏是典型的中国普通青年，独生女，家境小康，父母传统，从小到大读书也还中等，顺利上了大学，平时喜欢看美剧，但也不排斥文艺闷片，淘宝是购物常驻基地，偶尔转发一些“星座心语”之类的鸡汤微博。

种种而言，她的人生轨迹会像其他朋友一样，一份稳妥的工作，身边有一个可靠的人，每年年假时旅游几天，生活平淡熨帖。但小夏不愿意，“咱有一颗流浪的心”。于是这颗心就带着刚毕业的她出了国。

在出国前，小夏幻想的生活是无数的聚会，金发碧眼的肌肉男端着酒杯过来搭讪；自己找一份工作，每天上班前踩着高跟鞋喝着咖啡冲进办公大楼；周末去学学钢琴，小提琴也不错，然后在家做点烘焙，烤点饼干，和新闺蜜们共议八卦新闻。

现实在飞机落地时就击败了她，小夏拖着三箱子行李，里面装满了她的护肤品和裙子。从机场出来后，她不知道怎么看机场大巴，只好去等公交车。一个多小时的等待煎熬后，她终于醒悟，新西兰公共交通极不发达，没有车寸步难行，小夏最终花了人民币四百多块钱搭的士抵达预定好的旅社。

那一小时在南半球阳光的暴晒中，小夏对美好国外生活的憧憬像冰淇淋一样，软瘪瘪地融化了，滴在手上，狼狈不堪。

青旅的生活没有几天，小夏的生活费捉襟见肘。她开始着急找工作，短短三周内，她换了三份工作：在华人餐厅端盘子，每天要工作到十一点，太累了，而且华人老板总克扣时薪，撤；在洋人的午餐店做前台点单员，第一天就刷错了客人的卡，老板脸色太难看，撤；礼品店里做销售总要面对挑剔的客人，选个护手霜都要四十分钟，烦人，撤。

小夏次次离职都情有可原，她发现自己不适合都市里的店员生活，于是转奔南岛，奔向茫茫草原的怀抱。

南岛的畜牧业和种植业比较发达，年轻人总会来这里寻找农场工作机会。小夏顺利地在苹果园找到一份工作，但是第一天，几十斤重的筐子把她的手臂弄出血痕，小木刺扎在肉里痛痒难忍。第二天，极强的紫外线晒得她脱皮，脸上、背上全是一片片红疙瘩，擦了两天的药还不见好，只好转道去基督城，到曲奇饼厂做包装女工。

这份工作还不错，就是站在流水线边，检查一下有没有空袋子或是包装错误，周薪轻松赚三千人民币。可是一个月后，小夏还是辞职了。因为大降温来得太猛，住的地方连暖气都没有，晚上彻夜难眠，在一个早上六点开工的清晨，最终让她发烧了。

小夏在新西兰一共只待了三个月，在六月冬天来临前，她匆匆逃回中国的夏季。在这儿，她没有被金发碧眼的帅哥搭讪，那些男孩只懂喝酒，以及约喜欢晒太阳的姑娘跳舞。她没有找到一份能让她踩高跟鞋上班的工作，本地人自己就业都有点难，更别提一个英语刚过四级，连工作经验也没有的外国人。她也没有做过一次烘焙，三个月来，她不断奔波找下一份工作，居无定所。

就这样，小夏离开了日夜煎熬的出逃生活，回归到温暖的家，那里有随时随地能买到衣服的淘宝，有合口味的饭菜，有坐在办公室轻松过活的日子。后来再有人向她询问出国事宜，她都会特别坚决地说：特别辛苦，就是去受虐的，一点意义都没有！

路在脚下，诗在远方

以后可能也不会再体会这样的生活，所以要好好珍惜每一天。你要问我去何方，我指着大海的方向。

我第一次见到里昂的时候，两个人都很狼狈，当时我们都住在一间民宿里，我买的二手车被原车主骗了，还闹去了法院和警局，而来打工度假的里昂买的新车当天直接被撞报废了。

但是他比我要更迅速地找到解决办法——他马上就买了第二辆，还是找拖车公司的人直接买的。

我当时心想，这人可真有钱。

里昂是福建人，长得高大，眉眼开阔，不计较，是个看起来就很靠谱儿的爷们儿。我没车回几百公里之外的家，于是蹭他的车走，一路上经过羊群、海、雪山，从正午走到夕阳。八个小时的车程，足以让我们成为朋友。

说来也好笑，2013 年在节目《非诚勿扰》的宣传下，中国年轻人申请打工度假签证的难度骤增，十几万人去抢一千个名额，无数人卡在崩溃的网站里，一时间网络上哀鸿遍野。而里昂却是无心插柳，他本来是要办旅行签，得知有这个签证后，想想旅游之余还能打工，就早起去抢了一下，竟然顺利拿到了，“我家网速平时挺慢的，那天也不知道怎么就抢到了。”最好笑的是，他一个做中介的朋友托他帮忙再抢一个，他又抢到了。

里昂抵达新西兰的第一站，就是去年轻人扎堆打工的水果之乡克伦威尔摘樱桃。这事儿说来也巧，樱桃工由于时薪高（曾有朋友一天净赚两千人民币），全世界来这儿打工的青年都喜欢去申请。里昂那天住在民宿，刚好一个申请到工作的人临时决定不去，他就顶上了。

这个狗屎运大王就这样迷迷糊糊地一路走过来。

后来再见到里昂，是他专程开车一个小时，送自己摘的一大堆樱桃给我。他从自己的大包里倒出小山高的深紫色车厘子，结结实实地堆在厨房桌上，全部微微泛着光，像无数个小亮点。可他还有点不好意思：这回摘的树有点小，下次给你摘其他品种的，超大。

他手上全是被樱桃树枝子刮的细小血痕，也就两三周，整个人黑得像个农民。

我有点感动，因为对摘樱桃工人而言，每天工资是要按筐子数量来算的，他用自己的时间给朋友摘樱桃（而且还得躲过监工偷偷塞进包里），就等于减少了他的工资，更重要的是筐子如果少，还会被监工骂手脚慢。要知道，在果园里对亚洲人的歧视可不算少。

可里昂不在乎，他隔段时间就摘一堆偷运出来送人，有次得知我们几个朋友路过克伦威尔，他用下班时间冲回果园摘了两大袋子。车子经过时，远远看见他站在路边等着，看见我们，他特别开心地举起手里沉甸甸的两大袋子，大喊："这回我摘的特别大！"

由于里昂的仗义直率，他很快结交了许多朋友，经常三五成群结伴去附近登山钓鱼。有一次出去玩，所有青年客栈都客满了，里昂大方地请所有朋友住了当地的四星酒店。此时他隐藏的另一面才逐渐曝光。

没人猜到这个洒脱开朗的大男孩，竟然在加拿大有着自己的生意，而且做得很大，覆盖了半个国家。

里昂几年前就以投资移民身份移民去了加拿大，家境极好——有次和四川朋友聊起春熙路，里昂对那一带了如指掌，一问才知道，他家在春熙路买了一套房，专供去四川旅游时住。而类似的房子在国内还有不少，全在最旺的地段，其中大部分都是别墅。

总而言之，这是个富二代，还算得上是高富帅。

但是里昂有自己的经济头脑，在加拿大坐移民监期间，待着也无聊，不如做点生意吧。于是他做起油画和茶叶进出口业务，还请了一个脾气古怪业务精深的中央美术学院毕业的画家帮忙卖画，时不时画家神秘失踪去哪儿写生了，里昂也不生气，直接挂牌子关门停业一天。

在加拿大，几乎家家户户都爱挂油画，而里昂从深圳出口的油画画工佳装裱精细，价格却比同类画廊便宜 30%，短短一年时间，市场做得风生水起。

在移民监接近结束时，里昂决定出去旅游一趟，随后后面每一个巧合都导致了前文所述的种种错位，最终让他成为一名摘果农民。

里昂每天和其他三个人挤在不到 20 平方米的宿舍里，深夜上洗手间，得哆哆嗦嗦披着衣服去几十米外的公共厕所，所以睡前他几乎不喝水。每天摘果从清晨六点到下午三点，早起如果来不及吃东西，就得等到中午，有时烈日当头能把人晒昏，他花五块钱买了顶大草帽，脖子上绕了一圈毛巾，专门来擦汗。

可是这一切在里昂的描述里，都是特别酷的回忆："你知道吗，每天早上会有直升机飞过来把所有樱桃树上的露珠扇掉，不然樱桃会坏，好玩吧！"

如今樱桃季结束，里昂开车旅行到了另一个盛产苹果的地方，继续摘果工作。

“以后可能也不会再体会这样的生活，所以要好好珍惜每一天。你要问我去何方，我指着大海的方向。”——摘自里昂一条微博。

和里昂的情况相似却又不尽相同的日本姑娘加藤是我的好朋友，她是个典型的日本人，礼貌到有些慎言慎行，吃饭前一定会说“我开动啦”，表示感谢时连连弯腰。

加藤已经三十岁了，看起来却和二十几岁一样，一米五几的身高，娃娃音夹带着各种语气词，和男孩子说话还会脸红，捂着嘴不好意思地笑。

我认识她一年，她回了东京两次，参加两个妹妹的婚礼。

在大部分保守人士的思想里，大概会觉得两个妹妹都结婚了，姐姐却依然在外漂着，想想就着急。如果这些人知道她做什么工作，一定会跌碎眼镜。

加藤在酒店做客房打扫。

没错，就是客人离开后，负责铺床扫地，清理浴室马桶的那种。

跌碎眼镜后再让眼球跌落吧，加藤家境与里昂有得一拼，她父亲是日本一个知名电器公司老总，有好几个厂，每逢特殊日子，加藤还得穿上和服去参加不同的活动。

加藤就像日剧里那种千金小姐，为了自由冲破束缚。

说起来是这样，可是现实并不是太美。

加藤家规极严，在她少女时期，想打耳洞，妈妈给她一张纸，要求把打耳洞的原因、后果一条条全写下来。家人就像那些永不会飞错路线的行星，哥哥们子承父业，在不同部门负责事务，妹妹们嫁人做主妇，只有她，是个另类星球，四处乱飞，几次差点引起星际爆炸。

加藤学习非常努力，毕业后考取东京大学，读的是父母希望的金融专业，可是有一天她觉得没法念下去了，找不到读这些课程的意义，她甚至连基本课程都没法过关。瞒着父母，加藤肄业出去找工作，在一家公司实习，被父亲下属无意间发现，事情才曝了光。

全家震怒，将加藤关在家里，派一个用人看着她。我几乎可以想象到这个看似柔弱实则倔强的女孩当时经历的一切，她在家里不发一言，不妥协，独自坐在房间里，日复一日赌气，气父母的不理解，气那个告密的下属，气自己为什么不做得更巧妙隐蔽些。

终于有一天，父亲想通了，打开门，看都不看她一眼，挥挥手让她走。

可是现在想想，那不是想通了，是放弃了。

加藤默默收拾了行李，走了出来，扭头看看，门被关上，那一刻就像个慢镜头，把她隔绝到另一个世界。

她得到了一直以来想要的自由，可是忽然她不知道这玩意儿能把她带到哪儿去，甚至不知道要这东西干吗。

加藤决定先出门闯闯，再想后路，于是她来到新西兰，先上了半年语言学校，一路溜达，直到来到皇后镇，在酒店找到一份客房打扫的工作。

这些事让父母没法理解，就连日本国内的朋友也没有办法理解她。

可是加藤很快乐，她自己算了个账，每周赚的工资，去掉房租，还剩三百美元，足够吃饭、旅游、喝酒、聚会，每天都开开心心的，“我在日本就算每周赚一千美元也不会那么开心呀”。

是的，因为从小没有吃过穷的苦，所以快乐对加藤来说就够了。

加藤其实不是一个文青或理想主义者，相反，她非常脚踏实地，自己主动选择的事情一定会做得几乎完美，各种问题思考得清清楚楚。但是只有一点，她非常有原则，而这个原则，就是自己内心舒不舒服。比如舍友手腕被割伤，当地小医院只能简单包扎，加藤果断推掉新男友的约会邀请，驱车三个小时去大医院处理。也比如被领导玩笑地拍脑袋，她会当着大家面直接回击，毫不顾忌面子。

加藤小心翼翼地保护着内心的敏感与诚实，做着其他人眼里的“怪咖”。

出门吃苦，似乎是一件让他们“很爽”的事情，因为知道自己退路几何，却想看看自己前路多少，闯劲十足，甚至比普通家境的人要更勇敢，带有一种洒脱气质。

第3章

逼自己一下，你才知道自己有多出色

你只有很努力，才配拥有未来

只有度过了一段连自己都被感动的日子，才会遇见那个最好的自己。

每次回家，都会跟发小儿见面。

她和我年纪相仿，早早结婚生子，如今她的儿子追着我叫阿姨，让我深刻感觉我与她已身处两个完全不同的世界。

但两个人夜里挽着手去逛街，逛累了心有灵犀地进茶楼，VIP 茶座丝绒帘幕一拉，一杯香薰花草茶入口，百无忌惮地聊起来，便知道她仍是当年那个爱漂亮、善良温柔、心思单纯得教人心软的女孩。

她说：“我喜欢你的自由。”

我开玩笑：“自由也有代价，你看，我挣得比你多，花得也比你多，未成家未立业，人生仍是一盘散沙。”

她不同意：“可是你一个人生活，不受拘束，靠自己挣钱，做自己想做的事，爱自己想爱的人，这已是最大的幸福。”

年纪轻轻结婚生子，要处理的人情复杂，要忍受的家常琐碎，要面对的漫长而茫然的未来，我能想象。

她受了委屈，只能一个人哭，这我也知道。

有时，看到她发状态倾诉烦恼，除了安慰，我别无他法。

再好的朋友，也不能分担彼此人生。

所以，她也并不知道我独自在外忍耐了什么，熬过了什么，才有今日这般看起来毫不费力、自在幸福的模样。

不知道我要有多努力，才能换来她一句发自内心的“喜欢”“羡慕”。

人生大抵如此。

能放在台面上来说的，永远是外表的光鲜。

光鲜之下的辛苦努力，只能独自饮下，沉默品尝。

全球最著名的性感内衣品牌之一维多利亚的秘密（Victorias Secret）刚刚在英国伦敦结束了它名扬世界的时尚内衣秀，数位被称为“维密天使”的超模们穿上为她们量身定做的华美内衣，在 T 型台的闪光灯下走秀，赚足了全球女人艳羡的目光。

完美的面庞和身材，舞台上无可企及的耀眼光彩，名利双收的职业，谁人不艳羡？

没有多少人会去细想，为了以无可挑剔的满分状态站上世界性的舞台，维密天使们付出了怎样的努力：

隔绝美食，严格控制卡路里摄入，按照规定好的食之无味的食谱进餐，每日必须完成一定的运动量和训练量。每一分每一秒，都必须努力维持身材，保养容貌，她们过的是片刻都不能松懈的日常生活——离普通人的日常足够遥远，所以才能置身于普通人触之不及的耀眼光芒之下。

这个世界当然不公平，你我都平凡如斯，没有她们那样天生的身高和美貌。

但这个世界也足够公平，即使是天生的超模，也必须支付代价，经受魔鬼般的自律训练，从地狱般的残酷竞争中脱颖而出，才够资格站上华丽舞台，接受万人瞩目。

想要在舞台上闪耀光彩，就得在背地里付出常人难以忍受的努力。

想要在聚光灯下万众瞩目，就得忍受众人对你同等的挑剔。

想要装酷耍帅，让人艳羡你自由自在的生活，就得对那自由背后的孤独和辛苦保持沉默。

这世上，从来没有“唾手可得”这回事。

他人眼里看起来唾手可得、值得羡慕的一切，其实你不知为它熬过多少夜，流过多少泪。但我们一定都宁愿对那些暗夜里的孤独和眼泪里的苦涩绝口不提，宁愿只让世人看到我们的骄傲，用掌声和赞美来满足虚荣，而不必让任何人来同情我们经受的苦。

因为，以最好最美的姿态站在所有人面前，云淡风轻，自信微笑，这是你我在暗夜里孤独前行，咬牙撑过所有痛苦的动力。

邻居家的姑娘，比我年纪小，高中毕业就离家在外闯荡，至今还没回过家。

我们在同一座城市工作生活，离得最近的时候，只有三站地的距离，却从未见过面。只偶尔在彼此的社交账号上点赞留言。

也邀请过她，周末要不要一起喝个咖啡，吃个饭。

她总是干脆利落地拒绝，不给理由。

其实我知道理由。

姑娘从小想进演艺圈，长得却不算美，也没有过人的才能，父母不答应，苦口婆心劝过、打过、骂过，她却倔得很，一毕业就走了，发誓不成名不回家。

她这个誓发得毒，岂止不回家，连我这个邻居家的姐姐都不肯见。

大概是怕见到我，想起父母，动摇她坚定的决心。

一开始，当然是四处打工，攒够了钱，她在表演班报了名，上课、打工之余，到处去参加试镜，也尽量争取演路人龙套的机会。

一年过去，两年过去，日子依然过得紧巴巴，梦想也依然遥不可及。

第三年，她终于给我发信息，问我方不方便见面。

我恰好在外面，便和她约在车站见面。她匆匆跑过来，整个人瘦了很多，留一头利落的短发，虽然仍然不够美，看起来却比以前有味道。她说最近开始在剧场里打工了，也许有机会能演个舞台剧的配角。

搓着手支支吾吾半天，她终于切入正题。原来是想借钱。数额并不大，看来真的是窘迫得很了。

我没有多说什么，如数借给她。她千恩万谢地收下了。

“真的打算不成名不回家吗？”我问她。

她立刻绷起脸，重重地点头。

“不辛苦吗？”

辛苦。她满脸写着这两个字。但一开口，说的却是倔强天真得令人心疼的话：“不辛苦。总有一天我要让他们在电视上看到我，总有一天我要带着经纪人，穿最美的衣服，开最好的车回家，让所有人都看着我尖叫，求我签名合影。”

看着她那张多少还有些稚嫩的年轻脸庞，我想起张爱玲年轻时候说过的话：“成名要趁早呀，来得太晚的话，快乐也不那么痛快。”

一样的肆意而率真。

为了成名，为了让人另眼相看，努力的动机或许不纯，却足够真实。

我们很努力，是为了让自己看起来不费力。

这样就好。

既然告别安逸，就别怕一路风雨

何不倒掉温情脉脉的鸡汤，把人生形容成一场残酷的冒险？告诉自己，假如只是坐在那里，什么都不想失去，什么也不“抵押”，坐在原地，只会让所有的梦想烂在腹中。

那天，无意间翻到卡梅隆的人生履历。

此前我对这位好莱坞大导演的印象仅仅停留于他拍出了

当时世界票房最高的电影《泰坦尼克号》，后来又拍出《阿凡达》，刷新自己创下的票房纪录，总而言之，是一位很成功的商业导演。

翻完他的履历才知道，原来他还是单人抵达深海极限（马里亚纳海沟水下近 1.1 万米）的第一人。

这位疯狂的探险爱好者，曾经花 20 年时间研究泰坦尼克号，是世界上首次使用机器人进入海底沉船遗骸内部进行拍摄的人，他拍的探险纪录片，都是以自己的真实探险经历为题材。

而作为电影人，他革新了水下特技，为 3D 技术带来历史性突破，数次打破世界电影成本纪录，又数次打破世界电影票房纪录。

这是一场时刻都在“折腾”的人生。

“如果你总是担心，而不迈出那一步，那么，你什么都不会得到。”

从他嘴里说出来的这句话，完全是他人生的写照。他永远都在“迈出那一步”，不仅事业，感情和婚姻也是如此，他活得永远像一个孩子气的老顽童。

有人说，他的生命永远是抵押出去的，抵押给梦想，抵押给冒险，抵押给世界上最美好的事物，抵押给好奇心和对世界孜孜不倦的探索，最后，抵押给他所爱的妻子和儿女。

很喜欢“抵押”这个词。

热血动漫《ONE PIECE》（海贼王）里的主角路飞出海冒险时，别人问他：“你不怕死吗？死了就什么都没了啊。”

路飞说："我有我的野心，有我想做的事，无论怎么样我都会去做，哪怕为此死去也不要紧。"

他说："没有赌命的决心就无法开创未来。"

我们活在这世上，何尝不是一场冒险，何尝不是在赌命，把自己的性命"抵押"出去，才能换来上天许诺的点滴收获？

把生死抵押出去，换一场人生；

把时间和努力抵押出去，实现一个梦想；

把爱抵押出去，换来另一份爱；

把苦难抵押出去，换未来的美好；

把恐惧抵押出去，换来波澜壮阔的冒险；

……

何不倒掉温情脉脉的鸡汤，把人生形容成一场残酷的冒险？告诉自己，假如只是坐在那里，什么都不想失去，什么也不"抵押"，坐在原地，只会让所有的梦想烂在腹中。

在咖啡馆闲坐时，隔壁桌一对情侣，拿着小叉子互相给对方喂提拉米苏吃，你一口我一口，甜甜蜜蜜。

女的忽然问："你的理想是什么呀？"

男的答："养你呀。"

听了这个不知从哪儿学来的"标准"答案，女的假装生气："我才不要你养。"

"可是我想养你。"

这当然只是情侣间的情话戏言，却让一旁的我想起在英国留学的堂姐。

在去英国之前，堂姐也有一个爱得如胶似漆的男友。

如今她一个人在英国，单身。每天上课、打工，和朋友一起泡吧，明年就要毕业，打算在那边找工作。

有时在线上和她聊天，她都只谈课业、未来的计划、英国的天气，绝口不提爱情。

得知她决定去英国留学时，男友很崩溃，哭着求她不要离开他。一开始，面对他的挽留，堂姐很感动，内心也很动摇，直到男友说出那句话："你不用那么辛苦去国外念书，以后我养你就行了。"

男友家境相当好，说要养她，自然不是说说而已。

但堂姐愣了半晌，才说："你知道我的梦想是……"

男友打断他："有我的爱还不够吗？我说了我养你啊。我一定会爱你一辈子的。"

堂姐沉默许久："我曾经和你说过我的梦想，可是你不记得了，对吗？"

男友真的不记得了。或许在他眼里，女人的梦想并不重要。

堂姐的梦想是成为一名国际记者，为此才选择去传媒业发达的英国学习。可是他却说他养她。他们的交谈根本就是两条平行线。

原本火热的爱一下子冷却下来，她很干脆地和男友分了手。

她或许再也不会遇到像他那样细心温柔痴情的男人了，或许从此会变成只拼事业的"缺爱"的女人，可是，她并不需要一个不懂她的人在身边嘘寒问暖，那样的暖巢会变成她人生的牢笼。

后来，我看到堂姐在她的推特上写下这样一句话：

“或许别人觉得爱情美好，但我觉得梦想更美好；或许别人需要房子，需要婚姻、金钱、稳定的生活带给她安全感，但我觉得梦想给予的安全感更大。”

所以她的选择是：放弃自以为美好的爱情，和真实的梦想在一起。

前两天，参加一个聚餐。席间有人感叹“北漂”之苦，为了梦想来到这座城市，远离家人，忍耐寂寞，挤着地铁，吃着煎饼，辛苦拼搏，如今梦想成了碎梦，不知何时才能成真，而家乡的他/她早已结婚生子，幸福生活……

此言一出，附和者众多。在座数人，除了一两个北京“土著”，其余皆是“北漂”，尽管多数是事业小成，房子已经付完首付的“北漂”，但说起漂泊之苦，都是各有各的心酸，一时间唏嘘慨叹声此起彼伏。

这时，有人冷笑一声，“又想陪父母，又想好好结婚生子过安逸日子，又想实现梦想，事业名利双收，你们以为自己在演哆啦A梦剧场版吗？”

一句话，犀利得让所有人无言以对。

接下来的聚餐，再也无人提起这个话题。

后来我和这位语出惊人的哥们儿又有过一些工作上的来往。

一日谈毕工作，聊起当日的事。

他不好意思地说：“当时我说话冲了点，但我的确很不喜欢听人诉苦。人不可能什么都要，这是一个很简单的道理。

难道你不觉得，感叹漂泊很苦，这本身就透露出一种不自信吗？漂有什么不好？比如我，我的梦想是做出一家上市公司，那我就得把自己抛离安全的轨道，就得漂着，漂着我才能强大啊。你要真给我舒适安稳的日子过着，我还担心我的拼劲会被消磨没了。”

“选择了就要认，否则不要选。”最后他总结道。

的确如此。

我们都不是大雄，都没有哆啦 A 梦，所以不能任性。把自己抵押给梦想和冒险，就不能再同时抵押给安逸和现实。

但勇敢、自由、梦想、努力、志同道合的伙伴，难道不是人生最美好的事物？我们都是为了和这些更美好的事物在一起，才做出了最好的选择，像韩寒说的那样：“和你喜欢的一切在一起。”

这是一个简单的道理：当你已经和人生里许多美好的事物在一起，那么对于已经抵押出去的筹码，就不必再扼腕叹息。

一个人容易迷路，与人同行走得更远

多个朋友多条路，一个人可以走得很快，但与人同行才能走得远……你能整合别人，说明你有能力；你被别人整合，说明你有价值；你既整合不了别人，也没人整合你，那说明你离成功还有很远！

每个人都需要朋友。结识一些相互欣赏、有情有义的朋友对一个人的事业、生活是极其重要的。然而，人心有异，在交朋友之前，年轻人要学会洞察其是否有真朋友的心怀。只有选择了对的朋友，对我们才更有益、更有帮助。

吴明上大学后违背父母的意愿，放弃医学专业，专心于创作。值得庆幸的是，一次偶然的机会，她遇到了知名的专栏作家田恬，她们成了知心朋友，无所不谈。经田恬悉心指教，吴明不久便寄给父母一张刊登自己文章的报纸。一个人在挫折时得到的帮助是很难忘的，更何况是朋友。吴明与田恬的关系很好。她们一同参加鸡尾酒会，一同去图书馆查阅资料。吴明还把田恬介绍给所有她认识的人。

但这时的田恬正面临着不为人知的困难，她已经拿不出与名声相当的作品了，创作源泉几近枯竭。

一次，当吴明把她最新的创作计划毫无保留地讲给田恬听时，田恬心里闪过了一丝光亮。她仔细听完，不住地点头，脑中产生了一个罪恶的想法。

不久，吴明在报纸上看到了她构思的创作，文笔清新优美，署名是“田恬”。吴明谈到她当时的心情时说：“我痛苦极了，其实，如果她当时给我打一个电话，解释一下，我是能够原谅她的，但我面对报纸整整等了 3 天，也没有任何音讯。”

半年之后，吴明在图书馆遇到了田恬，她们互相询问了对方的生活，很有礼貌地握手告别。

自那件事以后，她们两个人都停止了创作。

可见，交友时要有一定的识别能力。和一个人交往时要判断对方和你交往的动机是什么，是看重你的人还是别的。如果是纯粹看重你的钱和势或其他利益，那就不必深交。

应该明确的是，朋友的甄选并不能单凭你感情上的好恶作为标准。因为如果你只是凭自己喜欢与否来选择朋友，那会使你失去很多有价值的朋友。有的人可能你第一眼看上去感觉就不舒服，或者因为他模样长得怪，或者因为他不卫生，或者因为他语言不雅，但这只是你的第一印象，也许在你了解他以后，会觉得他是你最可信赖的朋友。

物以类聚，人以群分。看看对方周围都是些什么人，即可知道他是否值得你交。如果对方的朋友都是一些不三不四、不伦不类的人，他的素质就不会太高；如果他结交的都是些没有道德修养的人，他自己的修养也好不到哪里去。所以，了解一个人的朋友也就了解了这个人。

想了解一个人，还可以观察他是怎样对待别人的。人在得意时，特别爱诉说他与别人交往的情景，他说的时候是无意的，不会想到他与被说人有什么关系。所以，一般比较真实。

如果对方当着你的面说自己如何占了别人的便宜，如何欺骗了对方，等等，那你以后就得对他注意一点儿，他有可能也会这么对待你。

有一种人可能当面批评你，指出你的缺点来，却又在你面前夸奖别人的优点，你也许不愿接受他的这种直率，但这种人却是非常值得信赖的，可以做你的好朋友。

要知道哪些人不可交，关键是要在生活中对其行为有比较理性的判断，如此你便会交到真正的朋友。

有所期待的人生，不会黯淡无光

梦想真的无关大小，只要你有，只要你为此去行动。无论何时，都尽力去滋养你的梦想，总有一天，它会反哺你的人生。

纯爱少女漫画《好想告诉你》中的女主角黑沼爽子，刚出场时，气质酷似《午夜凶铃》里的贞子，是一个在班级里被孤立的人见人怕的女孩。但乍看气质阴郁的她，其实是个相当乐观开朗的孩子，即使被所有人忽视、嫌弃，也永远告诉自己，下次再努力。

她的座右铭是“日行一善”，梦想是变成一个爽朗的人，交到很多朋友，就像她憧憬的男孩那样。

她每天做的善行都相当可爱。

黑板每天是她在擦；花坛里的花，每天都是她放学后去照看；放暑假了，老师需要学生帮忙，没有人愿意举手，她怯怯地举手，此后每天顶着酷暑去学校；用心把笔记记得很详细，主动借给大家看；因为大家都叫她贞子，为了满足期待，她去图书馆借怪诞书，背下里面的恐怖故事，有机会就给人讲；夏季试胆大会，为了让所有人玩得尽兴，她一个人披散着头发穿着白色连衣裙躲在漆黑的树林里，等着同学经过时出来吓人；上学路上看到一只被遗弃的狗狗在淋雨，会把伞借给它，结果自己淋成落汤鸡……

沉默、温暖，可爱的日行一善，终于被所有人看在眼里，终于一点点融化了误解，消泯了界限，让她实现了交很多朋友的梦想。

变得爽朗，交到朋友，对大多数人来说，这几乎不能称之为梦想。

但梦想又何必分大小。

只要真挚，即使只是一个交朋友的梦想，也能让一个 15 岁的少女在青春的眼泪和笑容里蜕变出更好的自己。

只要真挚，日行一善的梦想和做一件伟大善事的梦想，也并没有区别。

住过大学附近一个小区，小区是老楼，老人多。每天出门去上班，总能遇到遛狗散步的老人。一次经常出入的西门翻修，我只好绕路去北门，路过一栋楼，发现一楼的院子里有好几只猫，我是个爱猫成痴的人，当然要停下来逗一逗，拍几张照留念。

这时一个老太太端着好几个猫饭盆出来，呼啦一下，不知从哪里钻出来一大群猫，围过来喵喵直叫，我数了数，居然有二十多只。

和老太太聊过才知道，那都是她从不同地方捡来的野猫。有的母猫刚生下小猫，缺少食物养不活，被她收留，有的是从领养机构抱回来的，还有的是被主人抛弃的宠物猫，奄奄一息地躺在路边被她捡了回来……

她一只只和我历数那些猫的来历，听得我鼻子发酸。

老太太没有儿女，养了一辈子猫，救活的野猫，收留的弃猫，数都数不过来，那些猫就是她的儿女。

曾经在旅途中遇到一个女孩，她告诉我，她是一个超级动物迷，素食者，坚定的动物保护主义者，同时还是一位刚刚起步的创业者，梦想是有一天在世界各地建立动物保护基金，运营全球性的动物保护组织，用自己的力量和影响力去左右全世界面对动物的态度，保护动物们的生存环境。

我问她现在有没有参加动物保护组织，有没有做过类似的志愿者服务，有没有养什么动物，她说这些都没做过，但她现在的重心并不是做这些事。为了实现梦想，她现在必须积累商业经验，积累人脉，学习运营，成就一番事业。

“城市救助站在救每一只他们看到的动物，领养组织在保护每一只他们能够保护的动物，爱护动物的人在抗议，在行动，每个人都在做着力所能及的事，而我力所能及的事，是利用我的能力和野心，做更大的事。”

现在，她创办的公司刚刚起步，她为自己留出了 15 年的时间，制订了 15 年的计划，意气风发，干劲满满。

无论是收养自己能力所及的每一只野猫，还是致力于在 15 年之后构建一个更好的动物生存环境，都让我为之深深动容。

梦想真的无关大小，只要你有，只要你为此去行动。

无论何时，都尽力去滋养你的梦想，总有一天，它会反哺你的人生。

去深圳出差，在客户的公司遇见一位二十多岁的年轻助理，她说她的梦想是在30岁那年退休。我被这个奇葩的梦想惊艳到了，连忙问她打算怎么实现。

她告诉我，从大学开始到现在，她做过的工作不下50份，当然大部分都是兼职。目前她收入的来源分别是：升职空间很大的全职工作，发表文章获得的稿费，兼职广告策划，股票，基金，以及她从大学经营至今的网店。说要“退休”，其实只是辞去全职工作，其余的收入并不会受影响。

“如果不是这几年不断地尝试，我大概永远都不会知道原来我擅长的事情这么多，原来这么多途径可以赚钱。”

“不辛苦吗？”我问她。

“当然辛苦。大学那会儿，一天三份兼职，算是常态，还要抽出时间念书，研究股票基金。网店早就雇了其他人在管理，我一个人肯定忙不过来。每天的时间都挤得特别满，所以也觉得特别充实。”

如果是这样的话，退不退休都没有区别吧？我问她“退休”之后想做什么。

她笑了，“第一件事当然是环游世界。退休之前我是努力赚钱，退休之后，我想尝试去做更多不那么赚钱的事，去更多的地方，接触更多的人，然后在这期间，只要顺便赚钱就好了。”

你会觉得这个30岁就想“退休”的女孩懒惰没有志向吗？我想不会。因为她30岁之前的人生履历，已经足够精彩。

她将自己的才能、时间、体力、精力、头脑、智慧完全利用起来，去实现那个多少有些奇葩的梦想，然后她真的可以过上梦想中的生活：赚够了钱，就去环游世界；旅行够了，就去做其他的事情，世界这么大，可以做的事情这么多，我相信她30岁之后的人生，会更加精彩。

小时候我们诉说梦想，总是遥远到伸手不及，却在眼睛里熠熠生辉。那时，我们都期待自己长成更好的大人。

长大后再谈梦想，才知道有太多的人，已在追梦的半路失去踪迹。

不许停，不许回头，要一直走下去。

走下去，才会看见光亮。

若你还有梦，此生就已值得庆幸。

第4章

所谓奇迹，就是『越努力，越幸运』

昨天的我你爱搭不理，今天的我你高攀不起

最狠、也最让人释怀的报复，不是针锋相对、以牙还牙、以血还血，而是让自己站到他们不可企及、只可仰望的位置上。

一

一位网络画手，年纪轻轻就出版了一部畅销漫画，靠版税养活了全家人。在此之前，因为家境不好，她没有钱学美术，只能靠自学，靠接一些画漫画的兼职活来磨炼画技，最初连画板都是借钱买的。

像所有怀抱梦想的傻孩子一样，她撞过无数堵墙，被无数人否定。父母要求她收起画画的心思，好好学习，考上大学，找一份稳定工作；老师说她画得太烂，根本不可能当漫画家；身边的人也都嘲笑她，劝她别做白日梦。

但她到底还是咬牙坚持，用无可置疑的结果让所有人闭上了嘴。

有人问她，是否怨恨那些曾经阻碍、否定她梦想的人。

她说，当初的确恨得不行，一心只想着有一天功成名就，要把我最好最畅销的作品狠狠摔到他们脸上，趾高气扬地说

一句："当初是谁说我成不了漫画家？"痛痛快快出一口恶气。可是，等到我真的如愿成为漫画作者，拥有自己的粉丝，可以尽情画画的时候，心里已经没有怨恨了，反而觉得感谢，因为如果当时没有他们的嘲讽和否定，我也不会拼到这种程度，不会这么快实现梦想。

二

去美术馆看摄影展，遇到一个女孩。我们在一幅 1900 年的摄影作品面前站定，同时看得出了神。

回过神来之后，相视一笑，聊起这幅作品的好，惊讶地发现我们的观点如此相似。

我问她："一个人？"

她回我："你也是？"

独自去看展览的人不多，尤其是女孩，我们一见如故，惺惺相惜，携手去美术馆楼下咖啡厅小坐。

坐下来后，聊起各自对摄影的喜爱。

我很不好意思地告诉她，我之所以喜欢摄影，是因为前任男友的影响，他是个摄影师。

她也很不好意思地告诉我，她是个刚入门的摄影师，之所以喜欢摄影，也是受前任的影响。不过她的前任不是摄影师，而是一个骨灰级的资深业余玩家。

所谓骨灰级玩家，通常是指那种花几十万买设备眼睛都不眨，出门必定是"长枪大炮"在手，镜头带好几个也不嫌重的人。

这么说，她的前任是个有钱人。

她点头，是个富二代，有钱，而且很渣。

渣到什么地步呢？他宁愿花好几万买个镜头，也不愿意给当时过得很拮据的她补贴一下生活，他会把发高热的她扔在一旁，和俱乐部的朋友高高兴兴开车去山里拍云海、拍日落，甚至他和别的女孩亲近，也会一脸满不在乎，嫌她管东管西。

她哪里在乎他的钱呢，也并不指望他宠着自己，只不过是喜欢他有才华，喜欢看他投入一件事的认真和疯狂。但认真和疯狂并不能滋养爱情。

分手的时候，他们大吵了一架。她说她累了，分手吧。他却恼羞成怒，说了很多难听的话。其中一句，她一直记到现在：没用的女人。

她那时的确没用，读一所三流大学，毕业了找不到好工作，薪水低，日子拮据，也没钱买化妆品买衣服打扮自己，难怪他从不肯带她出去，是怕丢他的脸。

分手没几天，她在街上遇见他。他挽着一个打扮入时妆容精致的女孩坐进他的车里。

眼泪吧嗒吧嗒掉了一地，她赌咒发誓，一定要让他另眼相看。

幸好她长得还算漂亮，动用了从小到大所有的人脉关系，拿出拼命的气势，终于找到一份摄影模特的工作，从服装模特，到商业广告模特，再到登上杂志内页，户外大屏，从一开始的生涩到后来的娴熟，其中辛苦一言难尽。

终于在一次晚宴上遇见他。他的父亲是广告赞助商，她是那支广告的女主角。她穿着一套下血本买回来的昂贵的晚礼服，端着高脚杯，优雅地向他的父亲伸出手。他站在一旁目瞪口呆。

痛快极了。她说。

但从那以后，她忽然觉得无趣了。原本模特就不是她喜欢的工作，比起在人前光芒四射，她其实更喜欢幕后的工作。

于是她想到当摄影师。

“刚开始也想着成为专业摄影师，在他这个业余者面前再扬眉吐气一回。”她笑道，“但现在，我是真的喜欢上了摄影，发现这个世界很大，我想拍的东西也越来越多，没必要再和他争一口气了。”

我点头，轻轻说，姑娘，好样的。

三

某演艺公司高层，是业界知名的金牌策划人，她担当策划的好几个电视节目在国内都很火，很难想象十年前，她是靠着叔叔的关系才得以进入这个行业，而且几乎是一张白纸，什么也不懂，连明星都不认识几个。

刚开始，叔叔安排了一位经验丰富的前辈带着她四处跑，长见识长经验。

她从小被父母宠着长大，没吃过苦，人情世故一点都不通，前辈倒是愿意带她，但她自己却懵懵懂懂的，前辈说什么就做什么，一点主动学习的念头都没有，更别提举一反三，提出自己的想法和创意了。

就这样，前辈带了她好几个月，她的长进却不大。

某次，她参与策划一场地方节日晚会，邀请的压轴明星，是当时正走红的一位年轻女歌手，当时前辈同时负责另一个重要项目，抽不出太多时间顾及这边，她只好自己去见女歌手和经纪人，商量晚会出场的相关事项。

她找到女歌手的经纪人，详细说了公司的策划和相关安排，经纪人提出了一些意见，她仔细记下了，说要回去和前辈商量一下再给回复。正要离开，恰好女歌手推门进来找经纪人，她连忙打招呼，介绍自己，那时女歌手刚刚走红，心高气傲，架子大得很，看都不看她一眼，只顾着和经纪人说话。听经纪人提到演出的具体安排还没确定时，女歌手明显不高兴了，说："这么点要求都做不到？那还请我干吗？"

并不是做不到，只是她做不了主，需要回去汇报给负责人……没等她解释完，女歌手一脸嫌弃的表情："居然让这种小角色来和我商量，真是浪费时间，下次别让我再看见你，直接叫你们负责人来，否则我就拒绝出场！"

她被赶了出来，狼狈地站在经纪公司的大楼下，气得眼泪一滴滴往下掉。

从小到大，谁不是宠着她让着她，她何曾受过这种气？

不过是刚刚走红的一个歌手，有什么了不起？

她后来说，当时她在脑子里构思了一百种报复女歌手的方式，包括动用叔叔的关系，借用表哥演艺圈的人脉，断绝后路的办法，都想到了。

等到冷静下来，她发现自己已经在街边站了一个小时。

当然，最后她什么也没做。

此后，她像是突然开了窍，工作能力开始突飞猛进，加上不要命般的勤奋，她很快就脱离了前辈的指导，开始独当一面。等到她独力策划的网络节目被电视台买走，在黄金时段播出，一炮而红，已是八年之后。她忽然变成了金牌策划人，在业界声誉日盛，不少嘉宾在她的节目中出场后走红，越来越多的小明星和她拉关系，希望拿到入场券，其中也包括当年那个看不起她的女歌手。

女歌手走红几年后，因为没有拿得出手的新作品，一直靠着早年的几首经典歌曲勉强支撑，此时当然希望借助这档火得不行的节目挽回一点人气。

本以为她会拒绝，然后狠狠奚落女歌手一通。结果她居然同意女歌手出场，并且邀请了一批十年前走红的明星，以十年、逝去的青春、经典回忆为主题做了一期节目。

节目大获成功，唤起无数人的怀旧之情，赚足了唏嘘和眼泪，女歌手也借此重新在公众视野里刷了一把存在感，从此身价倍增。

周围的人表示不解，当年她那么对待你，你不报复也就算了，居然还帮她？

她云淡风轻地笑，这不是帮她，而是帮我自己，在演艺圈，互相倾轧不如互助共赢，捧红了她，对我也有好处。再说，当年我的确是个菜鸟，她那么对待我，也不算错。

“没想到你这么大度。”旁人啧啧赞叹。

她摇摇头，其实不是大度，只是她站在今日的位置上，看得更远，视野更广罢了。几年前，她也念念不忘女歌手的羞辱，发誓将来有一天一定要成功，要被万人仰视，要让她来低声下气求自己给她机会。但等她有了今日的成就，再回过头去看，当年那点羞辱不过一件小事，已经不值一提了。

每个人的一生，或许都要遇见这样的人，他们不喜欢你，不承认你，嘲笑你，否定你，打击你，甚至想方设法阻碍你，仿佛是上天派来折磨你的恶魔，他们让你痛苦流泪，伤痕累累，让你开始怀疑自己的坚持，让你必须花费千百倍于从前的努力才能抵达目标。

于是你怨天尤人、痛恨、咬牙切齿，发誓总有一天要狠狠报复他们。

而当你在成长的道路越走越远，你终将意识到，上天派来的那些恶魔，其实也是你梦想路上的引路人，尽管他们引路的方式太过粗暴，却效力十足。

你还将意识到，最狠、也最让人释怀的报复，不是针锋相对，以牙还牙，以血还血，而是让自己站到他们不可企及、只可仰望的位置上，让他们的伤害在你越来越精彩纷呈的人生里、在你越来越广阔的世界里变得不值一提。

要知道，你的强大，才是对那些伤害你的人、对生命里所有难堪际遇的最狠报复。

努力的前提，是要做对选择

方向不对，努力白费。在绝望中寻找希望时，先想清楚自己想要什么，再坚定地去追求它。这对于个人来说，就是一种最睿智的选择。

所谓取舍，其实就是一种选择，在得到与放弃之间做出自己的抉择。我们每个人想要的东西都很多，可真正属于自己的又能有多少，或许不过是沧海一粟。

“鱼，我所欲也；熊掌，亦我所欲也。二者不可得兼，舍鱼而取熊掌者也。生，亦我所欲也；义，亦我所欲也。二者不可得兼，舍生而取义者也。”孟子通过鱼和熊掌的不可兼得，引申到生命与义之间的选择，得出的结论是：舍生取义。

虽然生活中很少有人会遇到在生命与正义之间做出选择的机会，但选择无处不在。面对生命，有时也需要抉择，在躯体的完整与生命的延续间，需要取舍；同样，面对丰富多彩的世界，会面临许多选择。比如在读书的时候，我们要选择学校、专业；在毕业的时候要选择继续深造还是马上就业；在生活中，我们要选择恋人和朋友；到了人生的暮年，我们同样要面临各种选择，是独享晚年还是与儿女们共同度过等问题。

每当面对取与舍时，很多年轻人都会在有意无意地做着选择，因为取意味着得，舍意味着失，于是在取舍之间，我们自然而然地趋向于前者。然而，生活这门艺术并非如此简单，生活并不像一加一等于二那么一目了然，生活当中的取舍艺术，也并不是取与得、舍与失的一一对应关系。生活当中有关取与舍的艺术，需要我们用自己的智慧和力量去实践。

当鱼和熊掌不能兼得时，年轻人应学会放弃，当有所为，有所不为。我们失去的，会有回报，不要悲观地感慨“不可兼得”地失去，要乐观地看到“失之东隅，收之桑榆”。

美国著名的心理学家、哲学家威廉·詹姆斯曾经说过：“明智的艺术即取舍的艺术。”在很多时候，都要做到适度地取舍。如若不能很好地面对生活中各种纷繁复杂的事物，不能对这些事物进行适度的取舍，那么我们在生活中的表现就不能算得上是明智的。那些不懂取舍之道的人也不能算得上是生活中的智者。

在人生道路上，当面对种种取与舍的选择时，我们必须认认真真地加以选择。只有合理适当地进行取舍，我们才能走上正确的人生道路，尽享人生道路上的种种乐趣。

有这样一道测试题：在一个暴风雨的夜里，你驾车经过一个车站，车站有三个人在等巴士，一个是病得快死的老妇人，一个是曾经救过你命的医生，还有一个是你长久以来的梦中情人。如果你只能带上其中一个乘客走，你会选择哪一个？

每个人的答案都不同，有的选择了自己一生难得的情人，有的基于道德选择快死的老妇人，有的要报恩选择那位医生。任何一种答案都会遭到另外一些人的反对，而最好的答案是：

“把车钥匙给医生，让医生带老人去医院，然后和梦中情人一起等巴士。”

当这个答案出来以后，很多人都不得不感慨地说：“多么完美啊，我怎么就没有想到呢？”是啊，这个答案既报了恩，也救了人，同时也没有和情人失之交臂。而我们为什么没有想到呢？这大概就是因为我们从来没有想过放弃那把钥匙，在我们心里一直固执地认为那把钥匙是属于自己的。

面对机会的来临，我们常有许多不同的选择。有的人会默默地接受；有的人持怀疑的态度，站在一旁观望；有的人则顽固得如同骡子一样，固执地不肯接受任何新的改变。而不同的选择，当然导致迥异的结果。许多成功的契机，起初未必能让每个人都看得到其深藏的潜力，而起初抉择的正确与否，往往便是成功与失败的分水岭。所以，有时候，如果我们可以放弃一些固执、限制甚至是利益，反而可以得到更多。所以，在我们面对很多选择的时候，不要固执地去选择其中的一个，换一种角度，试着去放弃一些，效果会更好。

没有公主的命，就别随便犯“公主病”

女人都是多面能手，因为她们不知道，生活会在什么时候对自己提出苛刻的要求。

亲爱的表妹，前几天你打电话给我，诉说你在工作上遇到的委屈，说着说着就哭了，哽咽着问我以后怎么办。原谅我当时并没有告诉你怎么办，只轻声细语安抚了几句。

是的，我能想象你在电话那头梨花带雨惹人怜爱的模样。你从小就长得好看，穿着公主裙，嘟着小嘴，粉嫩可爱，要是你哭了，就算做了天大的坏事，大家都会原谅你。你一定觉得奇怪，为什么小时候百试百灵的招数，现在一点用也没有。现在的你要是哭了，那个刻薄、脾气又坏的女上司会叫你出去哭，免得影响别人工作。

其实你心里很清楚，外面的世界比不得家里，没有人会像你的家人一样，把你当小公主宠爱，所以你在得到人生第一份工作时就做好了心理准备，打算把那些任性刁蛮的公主脾气收一收，像其他人一样，认真工作，和上司同事好好相处。

谁能料到，你一踏入职场就遇到了烦人的女上司呢？你告诉我，她也不过三十多岁的年纪，并不老，但总是穿一身土气的灰色职业装，就像你中学时那个严厉古板的老班主任，长得不好看，又不苟言笑，让人望而生畏。你说一定是因为你太可爱，又喜欢打扮，她才看你不顺眼，处处针对你：所有琐碎繁重的工作都分派给你做，从来不表扬你，交上去的文件，哪怕有一个错别字，她都要训你几句，退回来重做。

有一次你买了新款手链，戴在你白皙的手腕上十分抢眼，同事都围过来说好看，偏偏只有她，经过时冷冷瞟一眼，说就会在这种事上用心，难怪工作做不好。你气得泪花在眼眶里打转，死死忍住了没有回嘴。

你在电话里向我哭诉，说你恨死她了，再这样下去，你肯定会忍不住跟她大吵一架。

哭完之后，你很冷静地问我，如果真的因为跟上司吵架被炒鱿鱼，是不是会影响到下一份工作，是不是你自己主动辞职会比较好。

亲爱的表妹，看来你已经动了辞职的念头。

其实我无法告诉你辞职的选择是好还是不好。因为我觉得有一句话说得很有道理：你所有的选择都是正确的，只要你能够承担结果，并且决不后悔。

没错，如果你能够承担辞职的后果，并且不后悔，那你当然可以潇洒地辞职走人。

但我想提醒一句，假如你认为辞职的后果不过是丢了一份工作，你只需要付出一些代价，譬如时间和精力再找一份工作，那就错了。你需要承担的辞职后果是要接受这样一个事实：你放弃了一份烦人的工作，摆脱了一个烦人的上司，但谁也不能保证你接下来将得到一份更好的工作，遇见一个更好的上司。

现在你明白了吧？

我知道你看过让·雷诺主演的电影《这个杀手不太冷》，还记得娜塔莉·波特曼演的小女孩在某一次被父母虐待后问杀手的问题吗？她问他："人生总是这么痛苦吗？还是只有童年如此？"杀手回答她："总是如此。"

这或许是个不太恰当的例子。但我想他说出了人生的某种本质，你不能指望逃离一种糟糕的境遇后，从此就可以过上幸福快乐的生活，这是童话。现实的人生是，痛苦永远不会断绝，旧的痛苦走了，新的痛苦仍会到来，你无法改变境遇，能够改变的唯有自己。

你当然知道公主只能活在童话里，所以你说你收起了公主脾气。可是我看到的只是你表面的顺从和忍耐，你的内心其实仍然希望自己像公主一样受人喜爱和追捧，不能忍受别人的忽视和责难。

职场需要你顺从和忍耐，你必须在一定程度上听从上司的话，忍耐工作的枯燥和琐碎，忍耐其他人，包括同事、上司、客户的缺点和脾气，工作才能顺利进行。但这不应该是被迫的。你之所以顺从和忍耐，是为了自己，为了把工作做得更好，为了让自己更出色更优秀，而不是为了做给别人看，让别人来迁就你夸奖你。

也许你那位严肃古板的女上司，正是因为看穿了这一点，才对你印象不佳，因而处处为难你。上司也是人，也有情绪和好恶，你不能怪她仅仅因为不喜欢你就针对你。

但如果你愿意换个角度来看，或许你就会发现，她其实并没有那么针对你。委派给你更多的工作，也许是在重用你，给你更多机会呢？对你严格、挑剔，也有可能是对你寄予厚望，希望你更完美呢？

即使这些都不是她的本意，你也可以把她所有的挑剔和刻薄都当作是对自己的考验和磨炼，借此迅速改进工作方式和态度，让自己变得更完美。

台湾创意天后李欣频曾在她的书里写，要脱离糟糕的现状，最好的方法不是逃避，而是想办法让现状变好，好到你不想离开的地步。这样一来，不知不觉你就会发现，自己已经脱离了现状，踏入了更好的未来。

如果你自己不改变，逃避一种糟糕的境遇，结果很可能只是让你落入另一种糟糕境遇。

既然说到这里，亲爱的表妹，不如听表姐再啰唆几句题外话。

不知道你有没有思考过这个问题：你将来想成为什么样的女人？当父母的小公主，男友的小宝贝，轻松工作，享受生活，遇到不顺心的事就撒手不干？还是独立自主、可靠优秀，靠自己闯出一片天地的女人？

我并不是要评判哪一种更好哪一种更坏，要知道，女人可是相当复杂的生物，绝不仅仅只有一面。

我有一个朋友，是时下常见的“女汉子”，外表气质性格都和你正好相反。身为销售主管，她的工作作风相当强悍，在公司说一不二，和客户应酬时八面玲珑，喝起酒来以一挡三，男人都不是对手。但就是这样一个女汉子，最大的爱好却是料理，每次和她出去玩，她总要带些自己做的精致小点心分给大家，平日里我们也经常收到她做的泡菜或者寿司，而且她最喜欢的颜色居然是粉色，工作之外的衣服、包包，几乎都是粉色系，在男友面前，完全就是一个娇滴滴的小女人。

你是不是觉得这样的人很奇葩？或许等你再长大一些就会知道，女人都是多面能手。明明觉得化妆好麻烦，但一定会努力学习打扮；明明是个吃货，却仍然会费尽心思保持身材；

不喜欢穿高跟鞋和裙子的女汉子，在必要的场合也会迅速变身成优雅妩媚的女人；就算是个工作狂，也一定会抽出时间来享受生活的一点小情趣；就算日常生活中懒得不行，也一定会很努力地去学习和尝试新鲜事物……

因为她们不知道，生活会在什么时候对自己提出苛刻的要求。有时，你必须成为可靠的人，让上司同事客户都信赖你；有时你需要有强健的身体、强大的心灵，应付生活中的各种难题；你要玩得来小清新，装得了女王范，温柔体贴，知冷知热，在外表上费工夫，花时间丰富内心，让自己成为一个让人惊喜、值得交往的人。

你看，要成为不错的女人，一点都不简单呢。

和这样的女人相比，童话里的公主是不是显得很苍白？

我的表妹，不要再将女上司的苛刻看作天大的烦恼，你已经到了可以认真思考这个问题的年纪：不久的将来，你想要成为什么样的女人？

知道自己的美好，无须要求别人对你微笑

并非所有的努力都必须求得一个完美的结局。仅仅成长了自己，也不失为最好的结局。

网上有一位84岁的老奶奶，喜欢穿花哨的衣服，化很艳

丽的妆，涂粉色指甲油，爱自拍，活力四射，热情可爱。她的自拍照，常常得到数万人点赞和评论。

看过她的一张照片，老奶奶穿一件色彩缤纷的 T 恤，在一群年轻帅气的男孩围绕下，比出剪刀手，露出孩子气的搞怪表情。

没有人觉得那张满是皱纹的脸不美。

这个活到 84 岁也丝毫不曾老去的女人，让我想起法国女作家玛格丽特·杜拉斯对最亲密的女友说过的话："真奇怪，你考虑年龄，我从来不想它，年龄不重要。"

我想，84 岁仍然爱美，说着"年龄并不重要"的人，其实都是不在乎结局的人。

在她们眼里，人生是过程，是每一个当下，是此时，此地。

七十多岁的杜拉斯写一篇小说，难道还担心能不能卖出去，能不能换来评论家的好评？多写一个字，都是对这场精彩人生的最好交代。

很多时候我们以为，做一份工作，实现一个梦想，爱一个人，过一场人生，这一切必须指向某个阳光灿烂的结局，否则就是失败，否则就不值得。

其实不是的。

泰国电影《初恋那件小事》的女主角小水，一开始只是一个没有任何长处的平凡女生，唯一拥有的是青春，但青春也只是作为陪衬，衬托出她的平凡罢了。

青春期的孩子，谁都有憧憬向往。男生向往最可爱、最美好的女生，女生也憧憬最优秀、最帅气的男生。正是在这样的憧憬向往里，他们第一次以他人为镜，照见自己。

从那个名叫阿亮的优秀帅气的学长身上，小水第一次看到自己那一无是处的平凡，并为此深深自卑。

像所有情窦初开的少女一样，为了接近帅气的学长，她做了很多傻事：为了经过他的教室而绕远路；在角落里偷看他的一举一动……

却也为了能配得上学长的优秀，她开始很努力地改变自己。她申请加入舞蹈社，参演根本没有人喜欢看的话剧社，她还去练习军乐指挥……一切都是为了能靠近阿亮一点，哪怕只是一点点。

到了初三，小水终于褪去了最初的平凡，变成了学校里最可爱、最受欢迎的校花。毕业时，她有了足够的自信和勇气向学长表白。谁知学长在一个星期前已经和另一位学姐在一起了。

电影的结尾，小水成为一流的服装设计师，从美国回来与学长重逢。错过了九年，王子和公主终于幸福地生活在一起，像所有童话的结局。

我看了，却觉得这是一个多余的结局。

灰姑娘失去了她的王子和爱情，但她已经蜕变成长。故事到这里就可以完结了。因为，无论最终她是否得到王子的青睐，她都已是人群中最耀眼的公主。

这已是最好的结局。

有位朋友，从中学时代开始就一直喜欢日本的某位偶像男星，为了加入大本营设在上海的粉丝团，第一时间得知他的动向，她争取到了在上海工作的机会；为了听懂他说话，她自学日语，考过了二级证书；那位男星很少来中国，她就努力寻找出国的机会；甚至因为这份迷恋，她最终嫁了一个日本男人。

父母曾说她不务正业，朋友也骂她脑残粉，她甚至曾为了去追男星的一场演唱会丢掉工作。直至现在，她仍然是粉丝团的一员，仍然迷恋着那位远在异国的明星，尽管她从来没有和他说过话，见过的次数也屈指可数，有时我问她，到底为了什么迷恋一个永远不能触及的人，你到底想求得一个什么样的结果？

她笑言，不求结果。

要什么结果呢？如今的她，和中学时代那个羞涩内向的女孩比起来，早已不可同日而语，因为参加粉丝团的缘故，她交际广泛，锻炼出了一流的组织能力和策划能力；因为日语好，后来跳槽至一家日企，职业生涯渐入佳境，如今家庭也美满幸福——这不就是最好的结果吗？

并非所有的努力都必须求得一个完美的结局。

仅仅成长了自己，也不失为最好的结局。

前段时间，身边的人都念叨着一句网络流行语：“累觉不爱。”失恋了，对爱情累觉不爱；工作太忙，压力太大，对工作累觉不爱；一个人苦拼，看不到未来，看不到希望，对梦想累觉不爱……

所有横亘在人生路上的障碍，都会变成“不爱”的理由。

但你听杜拉斯说：“爱之于我，不是肌肤之亲，不是一蔬一饭。它是一种不死的欲望，是疲惫生活中的英雄梦想。”

世人都以为她说的是爱情，但我却觉得，她谈论的是人生。

工作中接触过一个女孩，漂亮，高挑，外形简直无可挑剔，心里惊叹，哇，好像模特。

一问，果然是模特。

“很久以前的事了。”她提及过往，语气云淡风轻。

几年前，她还是大学生，在一个模特比赛上得了亚军，签了经纪公司，从此开始了聚光灯下、舞台上的光鲜生活。

“真是光鲜。有时穿着厂商赞助的昂贵晚礼服去参加酒会，端着高脚杯，被众人簇拥着，会生出一种自己高贵如公主的错觉。”

没错，是错觉。离开酒会，衣服脱下来送回去，仍然是平凡的自己。但对这样华美的日子，她仍然沉迷了半年，直到有一次，她去赴一个饭局，席上一位富商要求她陪酒，言语里诸多不敬，她才猛然醒悟过来，或许光鲜的外表，是很多女孩子梦寐以求的，但这绝对不是她曾经梦想的未来。

辞掉模特的工作，她无所事事了一段时间，很快又找到可以做的事。她陪经商的父亲参加某个行业盛会时，结识了父亲一位朋友的儿子，由此开始了人生第一段恋爱，以及第一次创业。

两个人拿出各自的全部积蓄，开了一家服装店，从电商入手，一步步建立起自己的品牌。曾经做过模特的漂亮女孩，亲自跑工厂，跑渠道，甚至考察原产地，有时一头扎在工厂里，好几天不眠不休，浑身脏兮兮，蓬头散发也顾不上。

辛苦没有换来回报。服装电商胎死腹中，赔进去的，是两个人全部的热情和金钱，以及爱情。

男友垂头丧气地离开，找了一份朝九晚五的工作，她却没有气馁。第二次创业的点子，是她很早以前去巴黎旅行时就想到的。她自觉这个点子很不错，却苦于缺乏启动资金。各大投资机构，她几乎全都膜拜过，可是没有人愿意投资，甚至都没有人愿意听她说话。朋友介绍的投资人，她都是连夜订机票，飞往当地，一个个谈。

她本来就瘦，那段时间，更是瘦。朋友都开她玩笑："明明可以靠脸吃饭，非要靠努力。"

我也笑道："同感。"

她仍是那种云淡风轻的语气："容貌会老去，努力却不会。"

如今，她仍然和很多投资人在谈，仍然没有拿到第一笔投资。但是我们都知道，成功于她，只是迟早的事；也知道，即使这次创业仍然以失败告终，她也不会停止努力，停下脚步。因为她有"不死的欲望"，有她的"英雄梦想"。

一个从来不曾停下脚步的姑娘，没有理由不成长，没有理由不从失去里收获更多。

有时我们奋不顾身去追逐，去努力，固然是为了得到一个童话般的结局，得到成功和幸福，但谁也不能保证每一次追逐都能指向圆满结局。

现实往往是：追逐不一定就能得到，努力不一定就能有收获，甚至你拥有的一切，都可能随时失去。

人生的失去，失败，多少带着不由分说的意味，让你早有预感，又猝不及防。

你只能接受，独自吞饮苦果。

但每个人也都是在这条路途上一点点成长，一点点蜕变，最后变得光彩耀目。

别害怕迈出脚步。

所有的结局都是最好的结局。

你的恐惧来源于想象

过去的岁月看来安全无害，被轻易跨越，而未来藏在迷雾之中，隔着距离，叫人看来胆怯。但当你踏足其中，就会云开雾散。

曾经去剧场看实验话剧。

剧场在一条胡同里。不大却很高的大厅，一半是观众席，另一半就是舞台，彼此之间没有距离，演员触手可及。整出戏只有两个演员，一个是导演系的在读学生，一个是在职白领，于舞台剧完全是门外汉，两人却都演得专注而投入。

主题是恐惧。

一对恋人，对各自人生的恐惧，对现实的恐惧，对未来的恐惧，对亲密关系的恐惧，对感情失陷、受伤的恐惧，对距离的恐惧，对无法把控的自我的恐惧……

短短两小时的演出，将人心的各种恐惧演绎得细致入微。我坐在那里，看出一身惊汗。觉得那戏里演的处处都是自己的写照。

那阵子，正处于毕业前夕，职业选择的关键时期，想回老家，却恐惧于此后一成不变的日常，担心自己会屈从于父母的安排生活下去；想去更大的城市，却害怕等在前面的庞大未知，无法下定决心迈出脚步。

也正好刚刚结束掉一段心力交瘁的感情，重新开始新的恋情。还没有从上一段恋情的伤痛中走出来，心有余悸地与新的恋人交往着，时时都害怕重蹈覆辙，心里悲观得不得了，总觉得这段感情也长久不了。对方对我好一点，我就心惊胆战，生怕得到越多，失去越快。自己也不敢过多地付出，怕再次被伤得体无完肤。

真是满心满身的恐惧。

像被细线缠绕全身，束手束脚站在原地不敢动弹。

如今离当时不过几年光阴，生活却已转过好几个弯，柳暗花明。回望那时将我困住的恐惧，我总是想起柏瑞尔·马卡姆在《夜航西飞》里写下的话："过去的岁月看来安全无害，被轻易跨越，而未来藏在迷雾之中，隔着距离，叫人看来胆怯。但当你踏足其中，就会云开雾散。"

时间最终给了我答案。

时至今日，那段令我心惊胆战的恋情的确结束了，却也没有将我伤得体无完肤。彼此和平分手，还是朋友。我并没有为覆水难收的付出而后悔，也并没有过多地怀念这几年来他对我无微不至的好。并非不够爱，但真实的个中原因也很难讲清楚，或许是因为我在好几年的磨炼中已经变得足够成熟坚韧。

而我最终也选择了去更大的城市工作生活，前方等着我的确实是庞大的未知，气候、生活习俗、空气、人群，一切都是陌生的。但当我踏足其中，迷雾就已消散。我像所有来到这里的年轻人一样，找工作，找房子，在陌生的小区、陌生的街道、陌生的职场里、陌生的人际关系间开始新的生活，并且逐渐生活得很好，直到终于融入这个城市的背景和气质。

由此我意识到，站在今日的眼界和胸怀里，去恐惧有可能发生在未来的自己身上的悲剧，是一件很可笑的事。

未来的自己，哪怕是明天的自己，都有可能比今日的自己更厉害，更坚强。

今日弱小的我看到的如天崩地裂般恐怖的痛苦和灾难，在未来强大的我眼中，或许只是不值一提的烟云。

高中时期的同学，前段时间远赴伊斯坦布尔。关于那座横跨欧亚大陆的城市，她和我一样，只在周杰伦歌里听到过，“就像是童话故事，有教堂有城堡”，除此之外，一无所知。尽管如此，她却不顾家人反对，走得义无反顾。

选择伊斯坦布尔，并没有什么非去不可的理由。不是伊斯坦布尔，新德里也可以，布宜诺斯艾利斯也可以。只不过恰好她拿到了伊斯坦布尔孔子学院的申请，而且恰好交了个伊斯坦布尔的男友，于是就去了。

她的梦想一直没有确切的模样，唯一可以确定的是：梦想一直在远方。

出国之前，她邀请朋友们聚餐，大家都问她，怎么能这么轻易就做出决定呢？难道你不害怕吗？为什么非得去那里工作呢？国内难道没有好工作？一个女孩子家，独自去那么远的地方，谁也不认识，一个亲人朋友都没有，万一出什么事，万一男友对你不好，万一工作丢了，可怎么办？

她说，她的爸妈当时也是这样说的。其实，她自己也知道，值得担心害怕的事情的确太多了，真要说起来，三天三夜都说不完。

“但是，你们知道吗？”她轻轻微笑，表情安然，“对梦想和远方的身不由己的向往，会压倒所有的恐惧。”

如今，她同时在孔子学院和汉堡王市场部拥有两份截然不同的工作，嫁给伊斯坦布尔的男友，生下一个漂亮的混血儿，事业、生活都顺遂得很。

自然，父母和朋友担心害怕的那一切，全都不曾发生。

有人说，梦想就像一场试探，看我们能够付出多少不求回报，坚持多久不问结果。

看着她，却让我觉得，梦想更像一场豪赌。

付出一切，只为了赌一种可能性。

而仅仅是那一种可能性，就值得付出所有。

身边的很多人都不敢任性，慨叹着曾经的梦想渐行渐远，自己却被生活的琐碎和生存的压力困住，寸步难行。其中理由各种各样，但归根结底无非是恐惧：对失去的恐惧，对未来的恐惧。

其实，不必为自己找理由，错失梦想，那就错失。或许这错失会延续一生，或许，某一天你会找到一个契机，人生忽然柳暗花明。等到那一天，你会发现，所有的恐惧、担忧和害怕，只不过是因为你对梦想还不够挚爱。

记得当年那场正剧演完后，有一场小小的访谈，编剧从幕后走出来，年轻得出乎意料。她在讲话中，特别感谢了剧场的老板，感谢他对这出并不卖座的实验话剧的支持。

老板是一位长得圆乎乎的大叔，闻言，他呵呵乐道："不用谢我，我开这家剧场的初衷，就是为了支持年轻人，支持一切大胆的先锋实验戏剧。"

在寸土寸金的城市里经营一个并不赚钱的小剧场，台下观众忍不住担心："那您能经营下去吗？"

大叔笑道："如你所见，我已经经营至今了。"

另一位观众问："那您不害怕以后会经营不下去？"

大叔仍是一脸笑容："说实话，我真不害怕。因为我发现，当我下了狠心想尽一切办法非要做成这件事不可时，周围就奇迹般地出现了很多帮助我的人，比如说，各种捐款、赞助，我甚至还得到了一些相关慈善基金的经费，有很多有名的剧团愿意免费帮我撑场面，还有不少大学生来这里做义工，帮我们做宣传海报，做网站，等等。更何况，在座的各位，有你们这些热爱戏剧的观众在，我相信这个剧院会一直存在下去。"

经久不息的掌声，响彻这个小小的剧院。

而更打动我的，是大叔接下来说的一句话："我会尽最大努力去做，绝不轻易言败，但我也已经做好了最坏的打算。所以，如果有一天真的经营不下去了，也请大家不要担心。我会继续在这个行业，做所有我力所能及的事。”

不久前，和在剧院工作的朋友一起去小剧场看新剧。坐在剧场二楼的咖啡厅等待，我聊起从前看过的那出关于恐惧的实验话剧。

朋友听完，说了一句：“一切恐惧都来源于想象。”

我一愣。

可不是嘛，都是想象。

感受人生，享受人生

人生太过复杂，我也不是万事明了，能送给你的只有四个字：好好感受。

他在演艺圈并不红，但身价颇高，口碑极好，算是很有名的演技派。

早些年，他其实是红过的。那时他还是初出茅庐的演员，一次偶然的机会，被邀请出演一部网络爱情剧的男二号。这部剧在网络上播出后，意外火了，他也因此而走红，接到不少活动和片约。

就在演艺事业正要步入佳境之时，他做出惊人的决定：

暂时辞别演艺圈，孤身前往国外学习表演。

全部积蓄都投入到学费上，断了收入来源的他为了赚取生活费，开始在课余时间四处寻找打工的机会。餐厅、搬家公司、便利店、加油站……他几乎全都涉足过。

等到学成归国，他才知道那部网络剧拍了好几部续集，男二号换了人，照样被捧红。而他如今也已被人淡忘，连份拍戏的工作都难找。

朋友都说他傻，此前放着大好机会不利用，偏偏跑大老远去学表演。这下可好，赔了夫人又折兵。

他只是笑一笑，并不反驳。心里清楚得很：离开就会被淡忘的走红，并不值得留恋，从一开始，他就不想当一个只有脸好看的偶像。

那段时间，他没有片约，只是每天默默去剧场排练。

剧场的新话剧，他担任主演。那还是他在国外表演学校时接到的角色。当时一位在国内还算出名的话剧导演去学校参加一个活动，他主动找导演攀谈，两人相谈甚欢，导演当时正好有意起用新人，他几乎是顺手就接演了导演下一部话剧的男主演。

一部小众的话剧当然不能让他受到瞩目，却在他的表演履历里留下了重要一笔。此后，开始有导演找他拍文艺电影，有编剧指名他出演某个高难度的角色。他的片约仍然不多，他仍然不怎么红，却已在属于他的领域静静散发光芒。当年那个网络爱情剧里的奶油小生，如今已经变成一个成熟的男人，味道十足的演技派。

后来，他在一次采访中被问道：对自己的选择，有没有后悔过？

他很干脆地回答：没有。

记者不肯罢休：可是，当初如果你不出国学表演，没有耽误那几年，现在很可能已经是粉丝无数的大明星了。

他笑了，我不适合做大明星，我只想做一个演员。

说完，他提起一件事。

其实他之所以选择去国外学习表演，是因为那个国家有他最崇拜的演员。入学后，他曾经提笔给那位演员写了一封很长的信，叙述自己的经历、想法、梦想，以及对他的崇敬仰慕之心。没想到演员竟然写了回信给他，信上说："人生太过复杂，我也不是万事明了，能送给你的只有四个字：好好感受。"

好好感受。

多好的四个字，简直把人生道尽。

人生万事，苦乐、悲喜、得失，怎么计较得清楚呢？你说他放弃如日中天的名气远赴海外学表演耽误了星途，是失；他却觉得那段海外学习的经历让他成为一个真正的演员，就连困窘时四处打工的经历都没有白费，它们全都会成为演技的养料和灵魂，所以这个选择毫无疑问，是得。

怎么可能分得清楚？不如只是好好感受。

得也好，失也罢，都去感受，都让它在途中。反正得也不是最终的得，失也不是最终的失。

这世上有人说，要过好 1% 的生活，专心致志，有志者事竟成。有人说，要去看99%的世界，读万卷书，不如行万里路。

于是有人问，到底应该过好1%的生活，还是去看99%的世界？

要我说，最好不问。

人生不过是一场赌局，不上场赌一把，你不会知道结局。

能够做到的只是：感受一切，体验一切。愿赌服输，莫道遗憾。

第5章

你要相信，没有到不了的明天

兜兜转转，做回自己

人生为何要成为一场比较，为何一定要向着一个辉煌的终点进发？人生最好是一个过程，一个寻找答案、慢慢做回自己的过程。

认识两位做设计的朋友，一男一女。男设计师是典型的双子男，嘻嘻哈哈，思维跳跃得很，做出来的设计作品才情满分，用他的话来说，叫有感觉。可是，面对客户的意见或刁难，他总是最先炸毛的那一个。

“他们懂什么呀？”

“凭什么说我的设计不好？”

“那些人根本不知道什么才是出色的设计！”

……

诸如此类的抱怨。

所以他的上司从来不让他和客户直接对接，怕他一激动就把客户给得罪了。

女设计师和他正相反，她不仅不讨厌客户提意见，甚至还很喜欢主动和客户沟通交流，设计做出来，耐心地一遍遍改，从无怨言。

问过她：“别的设计师都很看重自己的作品，会有骄傲、坚持，你怎么不这样？”

她一脸坦然地说：“因为我想要的东西和他们不同。”

后来，她升职了，设计总监。

此时我才明白她想要的是什么。

而那位总对客户炸毛的男设计师，仍然留在原来的职位上，但他设计出来的作品得了大奖，指名找他的大客户多了，报酬也跟着水涨船高。

女设计总监说她还有更大的目标：成为公司高层，在更大的天地里施展拳脚。而那位不肯妥协的男设计师也计划着将来自己独立出去，开一间设计工作室，他说，到时候只做好设计，绝对不给一群什么也不懂还喜欢指手画脚的人提供服务。

看着他们二人，你会发现无从去比较谁更成功，也没有办法预料谁的前途更辉煌。

你会发现世俗的比较是无意义的事。

因为，你看到他们个性鲜明，目标明确，一心一意做自己想做、也适合自己做的事，无论结果如何，你都会忍不住为他们叫好。

去年参加高中同学会，发现从前那些成绩很好的“优等生”都走上了相似的人生轨迹：在很好的大学念书，一些人继续在更好的大学读研究生，或者出国留学，另一些人则找到不错的工作，成为大城市里标准而体面的白领或金领。

这样当然很好，但相似的故事听多了，不免觉得乏味。反而是过去那些学习不好的“坏学生”，各自的经历五花八门，有趣得多。

有的人念了一所三流大学，在大学期间开始开店创业，到毕业时，已积累了人生第一桶金，索性连学位都懒得混了，直接肄业，全心全意投身商界。

有的连大学都没上，没找到好工作，起初只是想赚点零花钱，在朋友间做代购，居然做出了口碑，如今已开了第一家外贸店。

有的人打网游打得炉火纯青，成了职业玩家。

还有的热衷旅游，一开始打算当导游，结果偶然的机会加入了一个旅游评测软件的创业团队，负责内容运营，做得相当出色。

每个人都活出不一样的风景，这样多好。

看一看四周，人们都走着差不多的路，读书，工作，努力从一枚职场菜鸟逐渐变得独当一面，游刃有余。

但逐渐地，我们都会走上不同的分岔路。有人向着赚钱的路狂奔，梦想着有一天叱咤风云，改变世界；有人只想在一方小小天地里做到极致；有人为工作砍掉多余的生活，有人放弃体面虚荣，沉下心来经营自己；有人在人群里如鱼得水，靠一张嘴就可翻云覆雨；有人则愿意退守自我，在静默里完成自己的人生作品……

那么多种方式，每一种都有它不可替代的精彩。

关键是，要看见那种方式，看见那条路，然后迈步走过去。

朋友的姐姐，模特身高，标准身材，但一直是个大大咧咧的姑娘，从小就有人说她适合当模特，她却完全不感兴趣，只喜欢打篮球，每天穿着篮球短裤在男生堆里玩得满身臭汗。

读高中时，朋友和姐姐出去逛街，恰好遇见在杂志社工作的叔叔。那天，杂志社的工作人员在外面为模特拍外景，正好原本约定的读者模特没来，叔叔看到姐姐，眼前一亮，立刻将她拉过来，让造型师、化妆师为她打扮。

姐姐急了，拼命推脱，绝对不行，不可能，她从来没有做过模特啊。

叔叔不耐烦，你就站在专业模特身边微笑就可以了，大家都知道你是业余的。

“没关系，交给我们吧，一定把你打扮得漂漂亮亮，和模特比起来也不逊色。”化妆师是个女生，笑得甜甜的，手上动作却利落得很。

朋友说，姐姐几乎是闭着眼睛任由摆布。换好衣服做好造型化好妆，姐姐惊呆了。镜子里那个长发微卷，甜美可爱的女孩子是谁?

她一脸恍惚地拍照，被叔叔骂了好几次，说她动作和笑容太僵硬。

后来姐姐买回那一期杂志，左看右看，觉得很神奇，怎么看照片里的她和现实中的自己都不是同一个人啊。

朋友见她抱着杂志着了迷，问她：“姐，你是不是觉得当模特很不错？”

她不说好，也不说不好，只是仍旧抱着杂志入迷地看。

那阵子，家人甚至开始动真格地商量起了要不要支持她当模特的事，但又觉得她只是被一时的虚荣心迷惑，也担心她的性格和气质并不适合当模特。

终于等到她开口，出乎所有人意料，她问父母能不能同意她不上大学，她想读造型和化妆的专门学校，以后当一名化妆师。

朋友说，当时姐姐一脸严肃到可怕的表情，由不得父母不点头。

现在，姐姐已经成为好几位名人的专属化妆师。跟着名人去摄影棚时，身材高挑的她经常被人问是不是模特，她总是微笑，略带骄傲地回答："不，我是化妆师。"

模特这份职业当然比化妆师看起来更光鲜，但假若空有模特的壳，无一颗模特的心，她又何必勉强自己成为另一个自己？

记得高更说，怎样去活，其实是没有答案的。

深以为然。

没有答案，是因为我们都只能一直走在寻找答案的路上。

人生为何要成为一场比较，比谁赚得更多，谁职位更高，谁得到的名利更大，为何一定要向着一个辉煌的终点进发？

人生最好是一个过程，一个寻找答案、慢慢做回自己的过程。

一位同事，生性散漫，非常讨厌朝九晚五的生活，辞职的想法在脑子里过了很多次，终于还是不敢。

我有一次去她住的地方，吃惊不小。她房间里几乎整面墙都贴着乐队的海报，书架上则塞满了光盘，有些甚至是很稀有的版本。她不好意思地告诉我，她是个音乐发烧友，读大学时还参加过音乐选秀节目，可惜在预选赛就被刷下来了，一直以来的梦想是抱一把吉他走天涯，走到哪儿唱到哪儿。

“很理想化吧？”她苦笑，“我自己也知道。”

事实是，她担心自己以唱歌为职业，会活不下去，失败的话，会让最爱的父母对她失望。但眼下朝九晚五的上班族生活，她又真的很讨厌，害怕自己这样下去，会对现实妥协，埋葬自己的梦想。

听起来是个相当两难的选择。让我想起以前听来的一个故事：

有一个非常喜欢音乐的男孩，从小开始学钢琴，最擅长弹肖邦，梦想是将来开一场自己的独奏音乐会。可惜他是家中独子，父亲经营的公司，他是唯一的继承人，念大学时，他遵从父亲的意愿读了商科。

父亲去世时，将公司托付给他。他很想将公司托付给别人，去学自己喜欢的钢琴。但几百号人的生计握在他手中，他实在不放心将父亲一生的心血交给别人，何况，他又并不缺乏经营的才能。思前想后，他终于痛下决心，接手了公司的管理。

事实证明，他的确很有经营才能，公司在他手里生机勃勃，生意扩大了好几倍。十几年后，他开了一家音乐剧院，专门邀请世界各地顶尖的乐团和音乐家来演出。

剧院的首场演出，他和世界顶尖的交响乐团合作了一曲拉赫曼尼诺夫，由他最崇拜的大师指挥，而他担纲钢琴独奏。在顶尖的乐团面前，他的演奏也毫不逊色。

当然不会逊色。要知道，这么多年来，无论多忙，他从来都没有放弃过练习。

演奏完毕，他在雷鸣般的掌声中哭了。他终于实现了梦想，绕了这么大的弯，等待了这么久，但到底还是实现了。

我很想告诉那位同事：如果把理想中的你和现实中的你看成“非此即彼”的存在，那么，它们之间真的会演变出一场“不是你死就是我亡”、两败俱伤的角斗。

而心怀理想，努力沉入现实最深处，你会找到一千条可以走的路。

我们都要花很长的时间，走很远的路，才能最终成为自己。

但只要你愿意相信，那么总有一天，我们都会做回自己。

没有什么不可能，如果付出，静待绽放

时日且长，日头每日升起又落下，落下又再升起。我们何不耐心等待，就像盛装打扮，走很长的路，去等待一场日出或日落。

朋友感冒咳嗽，久久不见好转。一日打电话给我，与我寒暄几句，边咳着边问我有没有什么治咳嗽的偏方，说她药吃了一大堆，全都不见效。

我因为胃不好，平时能不吃药就尽量不吃药，自然没什么偏方可以提供。她很遗憾地叹了口气，又向我诉苦，说她

有时晚上都会被自己咳醒。我听到电话里传来呼呼的风声，问她在哪里打电话。她说刚从地铁出来，正迎着风口。

这样迎着风讲话，难怪边说边咳，我忙让她挂了电话。

接下来几天，她又常给我打电话，和我聊些最近的烦心事。有时是在我午休时，有时是在我刚下班时，而她刚和客户喝完咖啡。

她仍然咳嗽，有时很烦躁，说怎么咳嗽迟迟不好，又说肯定是因为她老在外面跑，而北京雾霾太重，接着就开始聊她事业成功之后离开北京的大计。

我哭笑不得。

亲爱的朋友啊，生了病就得停下来，好好静心养着，你却着急忙慌地想着尽快痊愈，这样怎么会好转呢？你明明咳嗽，却每天忙着工作，不停地透支嗓子，和客户说完话，不好好闭口休息，还要继续和我聊天，饮食上也不注意保养，每天都是在外面吃快餐，还喝咖啡，难道不知道咖啡刺激嗓子？

后来，她终于请了假，在家静养了几天，不说话，喝冰糖雪梨水，隔绝了工作上的事，每天听听音乐，静静坐着看会儿书，牵着妈妈养的狗去公园散步，到了第三天，果然好了大半，不再咳嗽。

病去如抽丝，让人干着急，偏偏这又是最急不来的事。

越急，病好得越慢。

朋友说她也懂这个道理，事到临头却还是忍不住着急。只要一想到还有那么多工作需要她处理，她就停不下来。

听她这么说，我忽然想到，或许我们都是这样，活在一个停不下来的世界里。

周云蓬曾在《绿皮火车》里描述："曾经有那样的生活，有人水路旱路地走上一个月，探望远方的老友；或者，盼着一封信，日复一日地在街口等邮差；除夕夜，守在柴锅旁，炖着的蹄膀咕嘟咕嘟地几个小时还没出锅；在云南的小城晒太阳，路边坐上一整天，碰不到一个熟人；在草原上，和哈萨克人弹琴唱歌，所有的歌都是一首歌，日升日落，草原辽阔，时间无处流淌。"

读之令人心生向往。

而在一个停不下来的世界里，你会读到许多加班猝死的消息，会听到许多为事业名利毁掉健康，壮年早逝的悲剧，会看到网上有人正儿八经地说，如果一个人没有秒回你的信息，就证明他不在乎你。

每个人似乎都失去了耐性。

梦想恨不得一日成真，事业恨不得一跃千丈，感情最好今天见面明天就说我爱你后天就定下终身。

生怕等下去，一切就都来不及了。

见过一些创业者，着急找团队，着急找资金，着急推广宣传，却很少有人把心思沉下来，花在产品细节的打磨和用户体验上，结果团队勉强拼凑起来，资金到位，却因为产品体验不过关，留不住用户，最多靠推广火一把，立刻就失败了。

见过一些奔三的女人，天天急得像热锅上的蚂蚁，着急把自己嫁出去，担心再老就没人要。结果匆匆找个人嫁了，过不了两年就闹着要离婚。

时代当然变了。今天的我们，不再需要花费漫长时日去等待一封信，等待一个人，只要打开微信、QQ，发出去几个字，立刻就能得到回应；想联系谁，只要按几个键，即使他在地球另一面，也可以立即说上话；想见谁，高铁，飞机，再远也不过数个小时的事。

但人与人之间的情谊并未改变，时间的流逝方式并未改变，四季并未改变，自然和人生的规律并未改变。

一个梦想，仍要浇灌心血和信念，付出努力，才能变成现实。

一段感情，仍要花费时间和精力，用心经营，才能日渐深厚。

好比等待一棵树的成长。你不能越过种子发芽这一步，也不能越过它每一步的成长。所有树的种子，都必须经历时间、四季、阳光风雨，扛过每一次天灾人祸，才能长成参天大树。

等待的过程，很慎重，也很隆重。

曾有人做过一个很奇怪的社交软件。功能虽然是社交，注册之后却不能和任何人交流，你只会得到一颗种子，并被告知：如果想要看到另一个人的资料，想认识对方，和对方说上话，必须要每天给种子施肥浇水，直到它依次发芽开花结果。

这样一个“反社交”的社交软件，市场反响可想而知。没过多久，因为下载量实在少得可怜，开发团队就停止迭代了。

但是，当团队日后做出另一款大受欢迎的软件，再回过头来想要把原来的失败产品下架时，意外地发现这款早就停止更新的软件里，居然还有 6 个用户。

这 6 位用户，仍然日复一日地为种子浇水施肥，等待着有一天在这个孤独的世界里结识另一个人。

团队的所有人都为此感动不已。

创始人当即做出了一个决定：继续为服务器续费，只要这 6 个用户存在一天，他就会一直保留住这个软件。

现在，这个软件已经不能再下载和注册了，这 6 个用户成了最后的、也是仅存的用户，继续在这个虚拟的世界里坚持着、等待着。

这 6 个人的故事在网络世界里被传唱。

在一个没有耐性的世界里，异乎寻常的耐性成了传奇。

同事的妹妹，从小的梦想是去法国生活。但贫寒的家境让她连大学都读不起，比起天资平平的她，家人都把希望寄托在聪明的姐姐身上，拿出全部积蓄供姐姐读了重点大学，而她高中毕业就进了一家酒店当服务生。

因为工作勤奋，外形也不错，她很快升职当上了领班，薪水也翻了好几番。过了 20 岁，家人开始催她相亲，希望她早早嫁了，就不用这么辛苦。她不肯，为了反抗父母，不惜辞职去了另一座城市。

就这样，过了好几年，忽然传来她去法国进修的消息。

家人都惊呆了，担心她是不是被骗了。细问才知道，原来她这么多年来，一直在利用少得可怜的业余时间自学法语，一点点存着钱，考法语水平考试，申请大学，办签证，默默做着一切准备。

一点一滴的努力，漫长的等待，终于换来梦想中的未来。

家人问她去法国后学费和生活费怎么解决，她说，有存款，有奖学金，有手有脚可以打工，总会有办法的。

是的，我们都相信这个耐心踏实从不放弃希望和努力的姑娘，总会有办法的。

三毛说，生活缓缓如夏日流水般地前进，我们不要焦急，我们三十岁的时候，不应该去急五十岁的事情，我们生的时候，不必去期望死的来临，这一切，总会来的。

用心浇灌一颗种子，它总会发芽。

静静注视一朵花的开放，它总会开放。

耐心等待一个梦想的绽放，它总会绽放。

何必着急？

时日且长，日头每日升起又落下，落下又再升起。我们何不耐心等待，就像盛装打扮，走很长的路，去等待一场日出或日落。

反正它总会到来。

一切都可以来得慢一点，只要它是真的。

我们都一样，年轻又彷徨

迷茫本就是青春该有的样子。有时候你想，人生是不是就这样了。但是岁月终有一日会告诉你，人生不会只是这样。

“这日子过不下去了！”

你昨天约我去喝酒，特意避开了南锣鼓巷密密麻麻得让人胆寒的人群，选了一街之隔的北锣鼓巷一家坐落在四合院深处的清清静静的酒吧。

幽蓝的灯光照在你描了蓝色眼影的美丽眼睛上，你一口灌下杯中的莫吉托，恨恨地抛下这句话，掷地有声。

亲爱的，我很想提醒你，我已经不是第一次听你说这句话了。

也很想提醒你，没有人像你这样喝莫吉托。

莫吉托的薄荷气息，沁人心脾，静静闻着、慢慢品着最好，猛灌一气，只会让它变得苦涩呛喉。

这种感觉像什么呢，哦，对了，很像你口中这些“过不下去的日子”。

在旁人看来，你的日子过得不能再好了。

你年轻，漂亮，身材娇小，气质可爱，在电视台工作，体面，高薪，每天可以睡到中午起床，然后打车去上班。没错，你在这座人人抱怨拥堵的城市里，几乎从未坐过公车和地铁，也没有经历过上班族谈之色变的早高峰、晚高峰。

你有一个高大帅气的男友，他是个画家。当然不是怀才不遇的穷画家，而是经常举办个人画展的小有名气、年轻有为的画家。他的作品一画出来，立刻就有画商买走。你们目前正在甜蜜地同居中，他大部分时间都在工作室作画，偶尔被你拉出来和朋友小聚，看得出来是个沉默不善言辞的人，望着你时，眼神却相当温柔。

这样的日子，你还说过不下去，不知情的人或许会说你矫情吧。

只有我明白，你迷茫不知所措，既没有过着梦想中的生活，也没有活出理想中的自己，不怪你时常把那句“日子过不下去”挂在嘴边。

不知情的人并不知道，你那份体面高薪的电视台工作是你老爸的杰作，他要求你乖乖待在他的羽翼下，不允许你长出自己的翅膀，去外面吹风淋雨。所以你的工作清闲轻松，毫无挑战性和晋升空间，几乎让你忘了自己少女时期的梦想是拥有一份在世界各地飞来飞去，可以接触无数超模大明星，可以呼风唤雨叱咤风云的工作。

他们也不知道，你那位人见人爱的男朋友，是个坚定的不婚主义者。刚开始交往，他就对你坦承了这一点，你却因为太爱他，打算装作不在乎，只在心底偷偷藏了一丝见不得人的希望：也许你能像电影《他只是没那么爱你》中安妮斯顿饰演的那个女孩一样，和不想结婚的男友交往 7 年，最终成功改变他的想法呢。

如今，三年过去了，你开始觉得，你的希望太渺茫。因为你看到他毫不迷茫，没有一丝痛苦和犹豫，早早地为独身的晚年准备着一切必需品：健康的身体，足够的金钱，热爱的工作，以及一个永远不逼他结婚的女友。

你只是你老爸和你男友的必需品之一。

有时你自嘲，假如用一个和你长得一模一样的人偶替换掉有血有肉的你，他们大概也会欣然接受。

你当然也想反抗老爸，可是，他身体不好，你不忍心违背他。你怕他生气，怕他用爱要挟你，而你知道自己肯定立刻就会束手就擒。

你当然也想过离开男友，你的梦想明明是成为谁的娇妻，成为谁的可爱妈咪，一家三口，温暖甜蜜，可你真的爱他，爱得不得了，他几乎是你的全世界啊，你怎么舍得放手离开。

所以，除了找我喝酒发泄，你还能怎么办呢？

我亲爱的朋友，不知你还记不记得，从前的你。

我记得很清楚，你第一次离开家在异地上大学，住进寝室的第一晚，在关了灯的漆黑寝室，你蜷缩在床上瑟瑟发抖，泪水浸湿了被角也不吭一声。

那个时候，你是一个怕黑的孩子。

对了，你那时还怕打雷。

世界好大啊，你试探着迈出一步，又吓得缩回半步。但终究还是走出去了。

大一过完，你已经敢半夜摸黑起来上厕所，敢在打雷的天气里走到阳台上看雨。你开始自学设计，去画室学素描，去道馆学跆拳道，甚至开始参与竞选班长和学生会干部。

精彩纷呈的生活在你眼前渐次打开，你欣喜得忘了去害怕。

大二，你如愿当上了班长，拿到了奖学金，当上了校报的记者，素描成为纯粹的爱好，跆拳道也终于摆脱菜鸟的白带级别。

大三，你开始去当地最大的传媒公司实习，开始接触到不少娱乐圈的人，然后，你还交了男友，有时会像个不乖的孩子一样夜不归宿。

大四，你和他分了手，却得到了传媒公司的一个职位，能够直接对接各类明星，你说，喜忧参半，也算扯平了。

然后，就没有然后了。

你回了老爸所在的城市，在遍布老爸关系网的电视台混吃等死。

那个精彩纷呈的世界还在开启，却忽然被生生按下停止键。你身上刚要迸出的光芒一下子熄灭得干干净净。

当我提起这些时，你沉默了。

你都记得，对不对？那种看到世界丰富的层次，看到自己身上越来越多可能性的惊喜感觉，仍然鲜明地留在你的身体里，对不对？

你问我，你的人生怎么变成了现在这样。

亲爱的朋友，如果你愿意抬起头看一看你身边的人，看一看她们的人生，你就会知道，其实大家都一样。

你的同事，已经跳了三次槽，好不容易找到的工作，仍然不是自己想要的，却不敢再轻易辞职，她数着手中的薪资，想着渐长的年纪，觉得自己的未来真是暗淡无望。

你的高中同学，和你一起毕业，坚持复读了两年才考上理想的大学，结果刚读了一年，就觉得自己选错了学校，还念了一个毫无前途的专业，索性自暴自弃，过了几年无所事事的大学生活，临到毕业才着急找工作。可想而知，她能找到什么样的工作。现在，她经常做的事就是在微博上吐槽上司，吐槽生活，吐槽一切，吐槽吐得风生水起，日子却卡在原地。

我们共同的朋友，小C，看着也是工作顺利，爱情甜蜜，可你何曾知道她从大三开始实习，花两年时间才转正的那份记者工作，如今遭逢人事倾轧、行业潜规则，早已耗尽了她正直的想要为普通人代言的梦想和热情，而那段从大学开始的甜蜜恋情，也因现实僵硬而要走到崩溃边缘。旧路已失，新的路却不知在何方。

或者，你再抬眼看一看坐在你四周的男男女女，他们一个个西装革履，裙裾飘扬，端着晶莹的高脚杯，手指间燃着细长的烟，看起来精致而潇洒，但你知道，酒吧里从来就不缺买醉的人，忧伤的面孔，落寞的眼神，以及一颗颗装满烦恼的心，就像你一样。

……

你看，大家都是一样啊！

做着不喜欢的工作，过着不想要的生活，爱着不能爱的人，觉得世界灰暗，人生无望，迷茫于未来走向何处，想着走向何处才有希望，走到哪里才是尽头。

可是你有没有想过，迷茫本就是青春该有的样子？

没有人可以生下来就找到自己该走的路，一往无前，至死方休，多数人都是要跌跌撞撞，摔过跟头，愈合伤口，才能拥有笔直的目光。

而二十多岁的人生里，谁都是不上不下地卡在原地，以为四面八方都没有一条可以走的路。

有时候你想，人生是不是就这样了。

但是岁月终有一日会告诉你，人生不会只是这样。

在大理，我曾经遇见一个女人。她三十来岁，容貌不显年轻，却别有一种风情和韵味，像岁月酿就的酒，味道都藏在深处。她和外籍丈夫一起在那里开了好几家店，大家都叫她老板娘，我也跟着这么叫。深夜的酒吧，她点上一根烟，聊起自己的过去，轻描淡写，我却听得惊心动魄。

幼时，父母离婚，父亲再婚，母亲改嫁，她跟了母亲，却和那个脾气暴躁的继父相处不好。弟弟出生后，她在那个家中更无处立足，结果被母亲送到寄宿学校，从此回家的日子屈指可数。没有人照顾她，没有人挂念她，她只好将所有的时间都用来拼命读书，为了考上大学，彻底离开那个家。

上大学后，她一次都没有回去过，独自在外打拼。20 出头的年纪，她结过一次婚，和大学的学长。几年后，学长开公司，为了支持他，她将自己工作以来存下的钱全都押进去，谁知公司没开成，学长被合伙人骗走了所有钱，而她收到的却是一纸写着她名字的欠条和一张离婚协议书。

关键时刻只顾自己的男人，将她背叛得彻彻底底。

还完债的那一天，她离开了那座城市，一无所有地来到大理，从摆地摊重新开始，直到开了第一家店，直到遇见现在的外籍老公。

我现在，过得很好。最后，她这样说。

我当然相信她过得很好。

只是不知道在全世界都抛下她的时刻，她是否觉得人生根本是一团浆糊，是否怀疑她的青春到底有什么意义。

不知道她一个人怎么撑过那些最寒冷的时光，又是怎么从迷茫里重新找到出发的方向。

我的朋友，我有时想，我们的三十多岁是什么样子呢。是不是也会像这个女人一样，容纳了一切，生命逐渐变得像一坛酒，浓郁香醇，却也有凛冽风味。

我并不能越过时光和流年，去到未来，指着你那已经变得成熟、智慧、风情万种的人生，然后告诉你，你看，我说过的。

我只能和你一起去相信，我们终将经历一切，而那些经历过的事，好的，不好的，都会发生化学反应，让我们变成另一个自己。

你说现在的你连动弹的勇气都没有。那又怎样呢？勇气也可以深藏内心。只要你念念不忘，终会有回响。

至少，你知道眼下的日子不好过。

至少你还没有认命。

束手无策，那就继续无策。万分痛苦，那就继续痛苦。

茫然无措，那就继续茫然。

要更用力地活着。

要去相信，终有一天，这铁板一块的日子会出现裂缝，会透进光芒。

让脚步慢下来，心情静下来

在有限的时间和精力里，给自己一点慢下来的时光。你并不需要用艰苦的努力去感动别人、感动岁月。你只需要按照自己的方式和节奏好好生活，就已足够。

读苏静的《知日》系列，读到一个可爱的故事：

日本职业拳击界有一位名叫高岛龙弘的拳击手，他在高中时期，就已经获得大阪职业拳击比赛的冠军，被媒体称为“拳击少年”，小小年纪十分厉害。

但是，在成名之前，龙弘其实有过一段奇遇。甚至可以说，正是这段奇遇，成就了日后的职业拳击少年。

十三岁那一年，他曾经离家出走。

出走的理由，是因为压力太大。当时，他在家里五个兄弟中排行老三，因为父亲在他上小学的时候就去世，龙弘从小就肩负着照顾两个弟弟和练习拳击的重任。到了十三岁，他终于因为家庭和练拳的双重压力，穿着制服就离家出走了。

漫无目的在外游荡着，当他走到隅田川大堤的时候，已经身无分文，肚子也饿得厉害，但他实在不想就这样回家，一想到回家之后需要面对的一切，他就觉得，还不如饿肚子更好。

游荡中，遇见一位五十岁左右的流浪汉大叔，于是龙弘央求大叔收留他。大叔虽然对突然出现在面前的少年感到吃惊，但也很爽快地同意了。

从此，龙弘开始了流浪汉的生活。

白天，他和大叔一起去便利店乞讨过期的便当，晚上就在大叔的帐篷中裹着毯子睡觉，没有心情外出的时候，一老一少也会在一起聊聊天，但龙弘从来没问过大叔为什么会沦为流浪汉，而大叔也没问过龙弘为什么离家出走。

两个人默契地一起生活了大半年，其乐融融。

直到有一天，大叔突然平静地对龙弘说："是时候回家了吧，家人和朋友在担心你呢。"

听到大叔这么说，龙弘才忽然记起家中的弟弟和一起练拳的伙伴，他惊讶地发现，当初离家出走时的绝望不知什么时候消失了。如今他回想起过去的生活，只剩怀念和眷恋。

他想，是时候回家面对一切，重新振作起来了。

后来高岛龙弘在大阪的职业拳击比赛中获得冠军，在接受采访时，他特意感谢了当初帮助过他的流浪汉大叔。

只是那位大叔这时已经搬离隅田川，不知道又流浪到哪里去了。

当流浪汉的体验，什么也不做，什么也不追求的时光，净化了拳击少年的心灵，给了他重新振作的力量。这听起来像是日式小清新励志电影才会有的桥段。

但我相信这是真的。

龙弘也好，我们也好，谁都是铆足了劲走在人生路上，一刻不敢懈怠，只因为父母和社会说，时间就是金钱，要努力，要进取，要比别人更好、更快、更厉害，就必须付出比别人更多的辛苦，经历更多的磨难。

但其实，我们都害怕承认这一点：我们只不过是害怕被落下，被嘲笑，被蔑视，才不肯安逸，甘愿吃苦受难，让自己拼了命地往前跑。

但是，人生有时像一根绷紧的弦，绷久了，会断。

电影《丈夫得了抑郁症》里，堺雅人饰演的丈夫脑中那根弦，就崩断得悄无声息。

他每天睡不着觉，也没有食欲，却仍然准时起床准备早餐和便当，准时出门上班。结果，他并没有去上班，只是坐在公园长椅上长久地发呆。他想，不行啊，我必须振作啊，努力啊。但他仍然只是呆坐在那里，无法振作，也无法努力。

那根弦断了，就再也振作不起来了。

后来他终于去看医生，辞职在家养病。他的妻子小晴并不是坚强的妻子，她没有在丈夫得病后痛苦万分，然后逼自己全力撑起这个家，也没有受再多苦累也不说怨言——这不是一部苦情的励志电影。

小晴只是在丈夫得了抑郁症后，在日记本上写下一句话：

我才不努力呢！

她只是微笑着告诉丈夫，没关系，不努力也可以。

如果痛苦的话，就别努力了，保持平常心就可以了。

平常心有多难得呢？

或许你需要亲自去体验流浪汉的生活才能明白，或许你需要得一场抑郁症才能理解，又或许，你只需要慢下来，在生活里领悟。

上一份工作，做得相当吃力。并不是不能胜任，而是，在无限度的对自我的高要求里，我开始吃不消了。

常常为了一个项目熬夜攻关，为了上司一通责难就彻夜难眠，压力大到胃溃疡。那时的我，不肯容忍自己工作上有一丁点失误，不能忍受被责骂，为了将一份项目计划书做到完美，为了得到上司的赞扬，永远都在牺牲吃饭和睡觉的时间。

脸色差，黑眼圈，偏头痛，经常上火、感冒，这些小毛病，我并没有放在心上。直到在某次项目会议上胃痛到说不出话来。

从那以后，就常常胃痛，但那一阵子恰好是我负责的项目提交策划案和计划书的关键时期，实在没时间去医院，于是去药店买了一盒胃药，痛的时候就吃几颗，勉强撑着继续工作。

策划案通过后，部门聚餐庆祝，吃饭吃到一半，我捂着胃，疼得冷汗直冒，被同事逼着去了医院。

医生说是消化性胃溃疡。再也不敢死撑，终于辞职回了家。

辞职后回了家，彻底屏蔽与工作有关的人和事。

早上睡到自然醒，慢腾腾洗漱，泡上一杯蜂蜜水，坐在餐桌前一口一口地抿。下午花五个小时，用文火炖一盅汤。黄昏去公园散步，和小孩子玩。夜里窝在床上看一部电影，读一本书。

无所事事的两个月。两个月后，妈妈说，太好了，气色比刚回来那会儿好多了。

我对自己说，太好了，自救成功。

在家无所事事的两个月里，我并未明白多么深刻的道理，只是终于意识到，因为换了一个地方，换了一种生活，所以得到了滋养，滋养我的这一切：喝一口蜂蜜茶，炖一盅汤，散一场步，这些原本就是生活的一部分。

而我此前以为，为了成功，为了完美，就必须努力到牺牲生活，牺牲内心从容的地步。后来才知道，这种缺乏效率的努力，只是用来感动自己的工具。

记得读高三时，身边的人都努力备战高考，我也在一次高考动员大会之后，被打了满腔鸡血，暗暗对自己发誓，除了吃饭睡觉，一定要把全部时间用来学习。

印象中，我那时似乎强迫自己坚持了两天，结果把心情弄得相当糟糕，学习也完全集中不了精力。

自此以后，我彻底醒悟，除了每天固定的上课时间，以及晚上两个小时固定的学习时间之外，决不给自己增加额外负担，周末的电视节目决不错过，也一定会和朋友出去玩。

最后高考，我考了全校第一名。

这当然不是值得骄傲的事，我所在的高中只是一般的学校，水平不高，但我的确是轻轻松松考了第一，而且甩开第二名好几十分。

我并没有比任何人更聪明，更努力，而仅仅是比他们多了一份从容，多了一点平常心。所以，你会看到，我的每一分努力都有收获。

我相信那位拳击少年在漫长的、无所事事的流浪汉生涯里，在换了一个身份生活后，终于找到内心的平衡。

再坏的状况，也不过如此了。而他在这种最坏的状态里，过得还不错。

既然如此，那还有什么好怕的？

抛开一切的结果是：终于有力量重新拾起一切。

而得了抑郁症的丈夫，如果没有始终保持平常心、始终向他微笑、告诉他不努力也没关系的妻子，如果他的妻子嫌弃他得了病，责怪他丢了工作，甚至以为是他不努力配合病才迟迟不好，那他大概也很难痊愈。

人生真的不只有一条狭窄的路可走，这世间也并非只有一种成功的方式，并非成功就能拥有一切，失败就会失去一切。

是谁说过，我们生来普通。拔尖的人永远只是极少数，大多数人都只是普普通通度过一生。所以，不要用成功的压力把自己逼迫得无路可走，不要逼迫自己热爱生活。在有限的时间和精力里，给自己一点慢下来的时光。

你并不需要用艰苦的努力去感动别人，感动岁月。

你只需要按照自己的方式和节奏好好生活，就已足够。

冬天来了，春天还会远吗

我希望有一天，无论梦想是否已经被时间的洪流席卷而去，我都能在这里，一直在这里，永远不离开。

原来同在一个编辑部的同事出书了，我打电话向他表示祝贺。他在电话那头说："你看，我本来想给大家一个惊喜——给你们每个人都寄一本。我期待大家收到书，能发出'啊'的一声尖叫，然后给我打电话，像个小女孩那样表达惊喜之情……但是，我决定不再等待这个效果的最终出现。"

我不解："为什么？"

"因为我发现，所有的梦想，到实现的时候，都要大打折扣。"

这本书盼着出版盼了将近一年，但是真的上市了，他走进图书大厦，看着书摆在架上，竟只有麻木。

他的话让我不知该如何应答。的确，梦想实现的时候有时并不总有鲜花和掌声，就像线香燃尽，繁花落地，有点美，有点安静，也有点伤感。

大学室友家里有个小妹，成绩特别好，可是为了给父母减轻负担，自己选择了辍学。某个午后，室友看见她在熟睡中抱着课本，眼角泪水如珠。在那一刻，她难过得无法自已。她说，自己一直以为小妹是不愿意上学了，还责怪过她，那时才知道，这都是痛彻心扉的假象啊……

我有一个朋友叫阿迷，他是阿根廷的球迷。他说，2002年他与女友分手后，每晚都会在梦中哭醒，现在有新女朋友了，没那么频繁了，不过每隔一两个月，还是会哭醒一次。

问他当初为何分手呢？他说不知道，说不清楚。

又问他：当年你女朋友也很爱你吧？他说是的，不过，现在已嫁做人妇，杳无音信了。

友人嫁了一个美国富人，移民定居，住在带花园的大房子里，过着富太太的生活。有一天我接到她的越洋电话，一看表，那是美国时间的半夜。她说她总能想起当年在学校里相处的一个男生。“对不起，我结婚了不该想这些……可是，在那个时候，那个男生是真心喜欢我。那是最好最好的男生。因为那时候我们除了年轻，什么都没有，他除了爱我的心，还爱我什么呢？你当年跟我说，我的心也并没什么可爱的。当我想起这句话时，唯独会想起他。”

我知道这个故事。当年那男生是年级里有名的才子，我知道他很喜欢我的朋友，朋友也喜欢他。可是，当年的友人说，他那么穷，那么没有前途，不敢嫁给他。于是那时友人一次次地伤害他，并更加深重地伤害自己。最后，她无法再面对这样的折磨，也无法再面对自己的错误，终于删除了与他有关的一切。

电话那头她说：“我梦到他了，只是一个模模糊糊的影子——我已经淡忘了他的样子。”

纵使相逢应不识了。

我想起茨威格的《一个陌生女人的来信》的最后一段话来：“他的目光忽然落到他面前书桌上的那只蓝花瓶上。瓶子是空的，这些年来第一次在他生日这一天花瓶是空的，没有插花。他悚然一惊：仿佛觉得有一扇看不见的门突然被打开了，阴冷的穿堂风从另外一个世界吹进了他寂静的房间。他感觉到死亡，感觉到不朽的爱情：百感千愁一时涌上他的心头，他隐约想起了那个看不见的女人，她飘浮不定，然而热烈奔放，犹如远方传来的一阵乐声。”

当看到这里，文学大师高尔基说他“不顾羞耻地号啕大哭”；而最初的最初，我也满眼模糊。这世界上充满着“那个看不见的女人”，她们的爱情真挚而悲怆。她们是常败的恋人，伤痕累累，并且无人知晓。

前几天参加编辑部的联欢会，有几个女孩唱刘若英的《后来》。她们唱：而又是为什么，人年少时，一定要让深爱的人受伤？我想起了友人和那个她已经淡忘了样子的男生。我惘然地微笑，在那样热闹的气氛里，在那几个不谙世事、年轻得一塌糊涂的女孩的没心没肺的歌声里。

而又是为什么，人年少时，一定要让深爱的人受伤？因为苍老的上帝嫉妒年轻人的青春，所以不肯赐予他完美的幸福吧。——权且把这个作为答案。因为追究答案也没有意义了。只希望她能过得幸福——相信她终于找到了自己的幸福，不枉当年他们所受到的心灵的苦楚。

我们都在等待春天。电话里，出书的同事在跟我抱怨出版社的效率："本来计划在几个月前就要出版的，可是一直等到现在。在我最嗷嗷待哺的时刻，他们将美餐高悬于头顶，看得见，闻得着，可就是不能果腹。现在饿过了，纵是山珍海味，也没有感觉了，没有用了。"

我又想起余华刚出道时，编辑动辄将他的文章改得面目全非，他急谋发表，敢怒而不敢言，甚至让他重写他都不能说什么。我安慰他，我说："你总有一天也能做到的，到时候你就坚决不让改动，连标点符号都不让改，连错别字都不让改。"后来他成名了，编辑想改动一个字，都要电话跟他商量。

可是现在，我们仍需要默默地"忍冬"，等待春天。

我有时会问自己：为什么渴求成名？为什么想要广为人知？当我不再年少痴狂，虚荣心慢慢消退，为何对转瞬即逝的"名"仍那么偏执，孜孜以求？提供了一些答案，基本可以回答自己的问题，然而，并不完满。

有一年冬至，我与几个同学回学校附近的小吃街吃饺子。那是个简洁雅致的小餐馆，我们在一起回忆起很多人。比如我们系的系花，都不知道她花落谁家了。比如我们年级的总班长，也不知人在何处。比如我们系最有才华的美女，我们班的某同学，前不久我见到了她的结婚照，物是人非，红颜迟暮。比如曾经风靡一时的某某。

全部消失在茫茫人海里，再难寻觅。

他们匆匆向前，为房子车子艰苦奋斗，歌乐山下的青葱四载，很少在脑海里浮现了吧？想到这里，我似乎在突然之间，找到了自己追求的隐秘动机：我要努力，成为众人瞩目的标杆，用我的文字，将一世的聚散铭刻在时光的躯体上，以这种方式，挽留住那些无可挽回的人，离我而去的人，匆匆向前的人。

我希望有一天，无论梦想是否已经被时间的洪流席卷而去，我都能在这里，一直在这里。永远不离开。

改变，永远不会太晚

可不可以让人生不要那么安稳，不要在 30 岁的时候就能一眼看到尽头？

上周末，有朋友邀我吃饭，说要和我聊一聊人生。

二十几岁的人，聊个天都要上升到“人生”的层次，生怕不说得这样郑重，我就不愿意和她聊天。其实，她要说只是聊一聊美食，或者扯一扯八卦，我也是极愿意的。

她带我去了一家很隐蔽的泰国餐厅，小房间，舒适的沙发座，自酿的米酒，看来是打算长谈。

谈话内容的确相当长。

各种关于事业、感情、婚姻、未来的困惑和纠结，连她到底要不要调动职位，她的男朋友到底要不要从美国回国创业，都拿来问我。

“调动职位，可能会稳定一些，清闲一些，让我有更多的时间去顾及男友那边的事，可是薪水会降低；男友回国创业，也是大冒险，万一失败怎么办？但他如果在美国工作，我就必须放弃这边的事业，远嫁异国，到时候能不能适应那边也是个问题啊，况且，就算他回国创业，不会失败，那我的生活肯定也会发生很大变化，到时候会不会影响我俩的感情？我真的害怕一步错，步步错，觉得我俩同时都陷入了困境，怎么走都不对……”

听到最后，我明白了大半。几乎所有困惑纠结的源头都是因为：她快 30 岁了，输不起了。

“可是，你还不到 30 岁呢，还有好几年呢。”我说。

她立刻着急道：“好几年一下子就过去了啊，不尽早做好万无一失的打算，难道等着 30 岁的时候一无所有？”

说的没错，人生的确该尽早打算。不能过一天混一天。

可是，这世上哪有什么万无一失的打算？就算站在今日看，你觉得万无一失了，明天条件一变动，环境一动荡，万无一失的打算立刻就会变得漏洞百出。

况且，为什么我们在 30 岁的时候不能一无所有呢？

谁规定到了 30 岁，我们就必须名利双收，并且坐拥一个同样名利双收的老公，从此人生走上了正轨，再也不会偏移？

你怎么保证以后你不会再改变，不会再偏移正轨，不会变得更强大，更聪明，更丰富，再走上更多其他轨道？

为什么要因为 30 大关将近，就如此患得患失，甚至以为人生是一锤子买卖，错失了这个机会，从此就彻底完了？

再说，所谓的名利，到什么样的程度才会让你满意？

你现在拥有一份不错的工作，累是累了点，可是挣得挺多，至少比身边的大多数同龄人多，你的男朋友，在美国留学，热门专业优等生，无论回国还是不回国，自身的价值摆在那儿，假如你认为这样的你们都一无所有，那么，要收获多少名利，才不算一无所有？

想问的问题像山一样多，其实一句话就可以说尽：

年龄只是一个数字。为什么要用一个数字规定思想和行为的边界？

风靡全球的《哈利·波特》的作者 J. K. 罗琳，在写出第一本书时，已经 30 多岁了，当时，她被丈夫抛弃，离了婚独自带着孩子靠政府救济金艰难度日。在人生最深的低谷里，她在咖啡馆里写完了第一本书《哈利·波特与魔法石》，数年之后，她靠写作跻身亿万富豪之列。

美国的摩斯奶奶 76 岁之前只是一位农妇，没有画过画，但在她因生病而拿起画笔的 4 年之后，80 岁的她第一次在纽约办画展，引起轰动。直到 101 岁辞世，她开过 15 次个人画展，留下 1600 幅作品，作品最高拍卖价达 120 万美元，成为美国最著名和最多产的原始派画家之一。

我还知道一位马拉松运动员，89 岁才开始跑马拉松，在此之前，他甚至不知道马拉松的全程究竟是多少千米；还知道一位老奶奶，80 岁才开始上大学，花 4 年时间拿到了学位，有人说她浪费教育资源，80 多岁的人还拿学位做什么？但老奶奶说，为什么不呢？难道就因为 80 多岁了，就要放弃自己想做的事？

看到这些人的人生，我是真的羡慕，并且唯愿自己的30岁，40岁，甚至70岁，80岁，都能像他们一样，随时推翻，随时竭尽全力，重新开始。韩寒的《后会无期》里说："小孩子才分对错，成年人只看利弊。"说的一点都没错。

成年人都在权衡利与弊，权衡着到底该怎么做，怎么尽早打算，规划人生，才能把弊降到最小，把利放到最大，才能在30岁后做一个人生赢家，从此轻轻松松享福，过一场一眼就可以望到尽头的安稳人生。

但我们可不可以让人生不要那么安稳，不要在30岁的时候就能一眼看到尽头？

摩斯奶奶说过一句很可爱的话："假如我不绘画的话，兴许我会养鸡。绘画并不重要，重要的是让生命保持充实。"

76岁开始绘画和76岁开始养鸡，对她来说，的确没有太大区别。

重要的是，永远竭尽全力去生活，永远让生命保持充实。

不管你是20岁，30岁，还是80岁，90岁。